国家自然科学基金项目(51604262)
江苏省自然科学基金项目(BK20160256)
中国博士后科学基金项目(2015M581896)
江苏省博士后科研资助项目(1601212C)

围岩孔裂隙充水承压爆破控制机理

杨敬轩　刘长友　于　斌　著

中国矿业大学出版社

内 容 简 介

本书围绕围岩孔裂隙充水承压爆破控制机理，开展了系列实验研究、理论分析及现场实践工作。介绍了承压爆破的技术内涵与优点，分析了承压水作用下的煤岩爆破和增裂过程，建立了承压爆破力学机制模型，揭示了波动传载先导破岩联合传爆介质后续膨胀挤压增裂原理，研究了承压定向爆破机理与技术，应用于坚硬煤岩预裂控制现场实践，取得了良好效果。

本书可供从事矿山开采、石油气开采、坚硬顶板控制、冲击矿压防治、低透煤岩增裂增透等研究的科技工作者、工程技术人员和高等院校相关专业师生参考使用。

图书在版编目(CIP)数据

围岩孔裂隙充水承压爆破控制机理/杨敬轩，刘长友，于斌著．—徐州：中国矿业大学出版社，2018.6

ISBN 978-7-5646-3435-3

Ⅰ．①围… Ⅱ．①杨… ②刘… ③于… Ⅲ．①孔内爆破—爆破技术—研究 Ⅳ．①TB41

中国版本图书馆CIP数据核字(2017)第012919号

书　　名	围岩孔裂隙充水承压爆破控制机理
著　　者	杨敬轩　刘长友　于　斌
责任编辑	王美柱
出版发行	中国矿业大学出版社有限责任公司 （江苏省徐州市解放南路　邮编 221008）
营销热线	(0516)83885307　83884995
出版服务	(0516)83885767　83884920
网　　址	http://www.cumtp.com　**E-mail**:cumtpvip@cumtp.com
印　　刷	江苏淮阴新华印刷厂
开　　本	787×960　1/16　**印张** 6.75　**字数** 129 千字
版次印次	2018年6月第1版　2018年6月第1次印刷
定　　价	25.00元

前　言

坚硬煤岩的预裂控制、低透致密煤岩的增裂增透、深部围岩高应力的卸压转移与动载防治等，均是我国现代化矿井安全高效开采中经常面临的重要问题。伴随我国经济建设的迅速发展，岩石爆破技术在水利、水电、矿山、交通等领域获得了广泛应用，带来了巨大的经济和社会效益，但是该技术在煤矿复杂环境中的推广应用却受到一系列安全适用性限制；水压（水中）爆破基于水介质的不可压缩性及其惯性效应，爆破效果明显高于孔内普通装药爆破条件，但是由于传统水压爆破工艺繁杂，钻孔注水封孔工序及设备配备的受限，该技术在煤矿生产中也没有得到充分认识和应用。因此，煤矿生产中急需改进传统爆破技术，力求达到低耗、高效能的煤岩爆破防治效果。

煤岩钻孔内充水承压爆破是在总结普通装药爆破、水压（水中）爆破以及孔裂隙层内爆破技术优点的基础上，提出并进行了初步研究的一项改进型爆破技术，其特点在于将原钻孔内的空气介质或静水介质代以承压水介质，加强孔内爆炸冲击波的破岩导向，减少爆破能量损失，并充分发挥孔内承压水的“水楔”增裂和均匀传载作用，增加围岩破裂范围，降低煤岩单位体积炸药量，较好地实现爆炸超动载作用下的静态破岩效果，简化深孔装药工序，通过承压水的冷却与隔离，有效过滤和抑制高温、火花、有害气体及飞石等有害产物的产生，改善爆破作业环境，保障矿井安全高效生产。

钻孔内充水承压爆破作为一项改进型的矿井煤岩爆破技术，目前对其高效爆破原理的理论研究是滞后于室内实验和现场应用实践的，其技术本身的影响因素又是复杂多变的，研究对象也是多层次的，全面开展该项技术的理论、实验和推广应用研究是存在一定困难的，但又是亟待解决的，因此有必要站在理论的高度，深入开展煤岩孔内充水承压爆破波动传载机制和高效破岩增裂机理研究，确定合理的孔内充水承压爆破参数，为该爆破技术的推广应用提供基础依据。

本书第 1 章主要介绍了煤岩钻孔内充水承压爆破技术内涵与优点以及相关的技术研究现状。第 2 章主要介绍了钻孔内充水承压爆破的实验分析工作。第 3 章主要分析了钻孔内充水承压爆破的力学原理。第 4 章与第 5 章分别主要分析了煤岩钻孔内充水承压爆破增裂机理和定向爆破技术实现。第 6 章主要介绍了煤岩钻孔内充水承压爆破技术的现场实践与效果。

本书内容研究得到了国家自然科学基金项目(51604262)、江苏省自然科学基金项目(BK20160256)、中国博士后科学基金项目(2015M581896)和江苏省博士后科研资助项目(1601212C)的资助,在此表示衷心的感谢!

感谢中国矿业大学矿业工程学院领导和同事对笔者的关心和支持;感谢大同煤矿集团为爆破技术现场试验提供的帮助;感谢课题组师兄弟为本书的顺利出版做出的努力;此外,本书研究过程中还得到大同煤矿集团技术中心、中国矿业大学爆破公司以及徐州创鑫液压机械厂等单位和部门的帮助,在此一并致谢!

本书是在第一作者博士学位论文的基础上深化完成的,关于煤岩钻孔内充水承压爆破技术理念的提出与机理性分析尚处于开创性研究的起始阶段,有些观点和结论尚未成熟,有些内容则有待于进一步的深入细致研究,希望本书内容能起到抛砖引玉的作用。由于作者水平所限,书中疏漏谬误之处在所难免,敬请读者不吝指正。

著　者

2018 年 2 月

目　录

1 绪　论

1.1 引　言

就一般爆破技术而言,常规爆破条件下,炸药大部分能量消耗于围岩小规模的压实与破碎,对围岩起裂、扩展以及破坏起主要作用的能量成分较少。对于常规的水中(水压)爆破,水介质相对空气介质密度较大,可压缩性相对较差,炸药爆轰瞬间,产物高速膨胀冲击挤压周围水域,在水介质中产生高强度冲击波,其效果明显高于孔内空气介质存在条件。以大气压条件下的水介质冲击波初始压力为例,水中冲击波初始压力可达 10^4 MPa,而空气冲击波初始压力则不超过 80～130 MPa(例如,TNT 炸药在静水中爆炸时,初始冲击波强度约达到 15 GPa,接近炸药爆轰区压力强度,而炸药在空气介质中爆炸时,初始冲击波压力仅达到 70 MPa 左右)。可见,采用水介质作为钻孔内的传爆介质,炸药有效能量利用率可提高百倍。在爆破破岩机理及效果方面,岩石在炸药爆炸作用下的破坏规律研究对于工程实际应用具有重大意义。已积累的大量岩石爆破实验资料已使人们能定性地,在某些方面甚至能定量掌握炸药爆炸对岩石的破坏机理,但由于高应变率动载作用下的岩石力学行为相对复杂,对于承压水介质作用下的岩石破坏问题还有待于进一步研究。

围岩钻孔内充水承压爆破是在空孔普通装药爆破、水中(水压)爆破、孔裂隙层内爆破工艺的基础上提出的改进型爆破技术,隶属于水介质耦合爆破的一种。该爆破技术将原钻孔中空气介质代以承压水(图 1-1),提高孔内传爆介质的传爆效能,克服围岩裂隙水的黏滞效应和毛管力作用,减少爆破能量损失,节省煤岩单位体积炸药量,加强孔内爆炸冲击波的破岩导向作用,并充分利用承压水的“水楔”增裂与高效均匀传载作用,增加钻孔周边围岩破裂范围。同时,通过孔裂隙内承压水的冷却与隔离,爆炸产物的高温、火花、有害气体及飞石等亦得到有效过滤与控制,改善爆破作业环境,保证矿井安全生产,尤其对高瓦斯矿井的安全爆破更具一定适用性。其理论与技术研究特点主要体现在:

(1) 空孔装药、水中(水压)爆破条件,研究重点集中在波动传载和孔内传爆

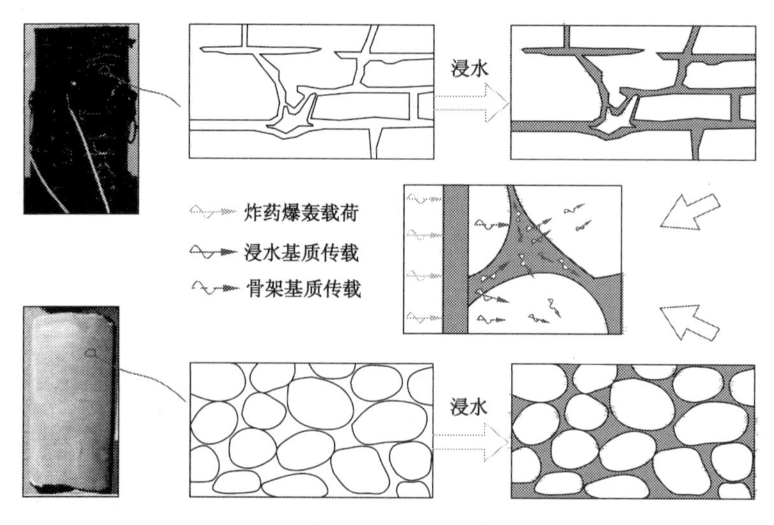

图 1-1　煤岩钻孔内充水承压爆破细观作用机理

介质的传爆效能上，产物后续膨胀致裂机理有待进一步研究。围岩钻孔内充水承压爆破机理的研究将全面考虑爆破全过程中(超)动静载组合破岩机制。

(2) 考虑围岩裂隙水的黏滞效应和毛管力作用，(超)动载作用下的浸水煤岩强度有所增加，水介质耦合爆破围岩却取得了良好效果，完全将贡献归结于传爆介质的高效传载作用是片面的，应重视围岩裂隙水动载作用下的“水楔”尖劈和动压传载效应。

(3) 煤岩介质对于水介质具有浸润吸附作用和滤失特性，静水压状态下的煤岩受浸润、滤失以及裂隙尖端毛管力吸附作用影响，孔壁围岩内水介质处于断续非耦合状态，围岩裂隙水受固体骨架变形压缩被动传载，不同于围岩钻孔内充水承压爆破条件下的固液(固体骨架和孔裂隙水基质)耦合传载。

(4) 围岩钻孔内充水承压水介质耦合爆破孔内装药和承压水质量比例发生较大变化，孔内炸药用量少、承压水质量比例高，较好地克服了深孔装药困难，实现了炮孔少量装药条件下的良好破岩效果。

钻孔内充水承压爆破过程中有波的传载、有承压水的膨胀挤压作用，其破岩特征在于围岩孔裂隙网的存在，难点在于明确孔裂隙网内承压水介质的动静态高效传载和承压爆破条件下的围岩增裂机理等。对比围岩钻孔内的普通装药爆破和孔内充水承压爆破特点，煤岩钻孔内充水承压爆破独具特色，如图 1-2 所示。

鉴于煤岩钻孔内充水承压爆破条件下的传爆介质后续传载及其细观致裂机理、宏观破岩过程等均具备其特有的内涵，尽管该爆破技术本身优点较多，但作

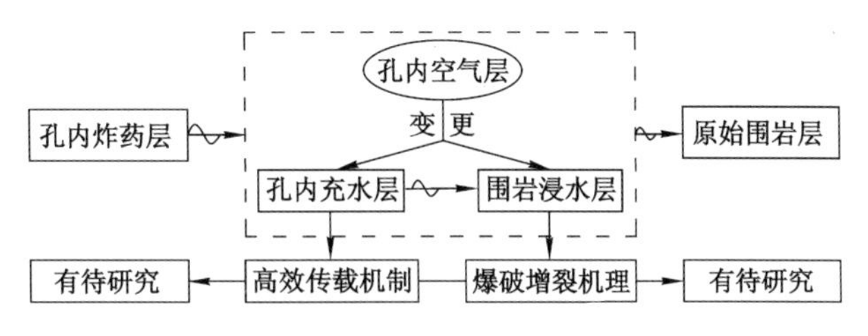

图 1-2 围岩孔内充水承压爆破增裂机理研究特色

为一项新的工艺技术，对于其理论支撑、破岩机理、工艺衔接、应用效果等方面尚缺乏足够的认识，目前还存在一些关键技术问题亟须解决。因此，有必要对钻孔内充水承压爆破的波动传载机制和高效破岩机理进行深入细致研究，为进一步推广安全高效能的煤岩钻孔内充水承压爆破技术现场应用提供依据。

1.2 研究现状

1.2.1 水介质耦合爆破技术发展

水介质耦合爆破是根据常规水中(水压)爆破的原理提出来的，是随着常规水中(水压)爆破理论研究及其实际应用的不断发展逐渐深入的。常规水中(水压)爆破最初被用来做城市拆除爆破，早在 20 世纪 40 年代末瑞典等国就尝试使用水中(水压)爆破技术拆除建筑物并获得了成功，直到 70 年代末，水中(水压)爆破技术已广泛应用于城市的拆除爆破中。我国 20 世纪 50 年代初尝试应用水中(水压)爆破技术，并在 70 年代末 80 年代初得到广泛推广。对于改进型的水介质耦合爆破最早的研究是在 20 世纪 60 年代中期，美国科罗拉多矿业学院进行过不同介质(空气、水、细沙)作为耦合介质的爆破实验，认为水介质耦合爆破使得孔间距增大了 60%～70%。国内专家学者对水介质耦合爆破技术也进行了很多研究，如在露天深孔爆破、沟槽挖掘、爆破拆除、井巷掘进及煤层开采中的应用等，也取得了比较理想的爆破效果。山东洪山铝土矿井下采用直径60 mm、深度小于 8 m 的爆破孔进行水介质耦合爆破试验，解决了粉矿率过高和资源浪费严重的问题，取得了良好的经济和社会效益。长沙矿冶研究院在大冶铁矿对含水炮孔爆破参数进行计算分析，认为水介质耦合爆破至少可以节省装药 50%。除此之外，水介质耦合爆破技术也被广泛应用于矿石开采中，例如阜新高德煤矿、山东洪山铝矿和山东莱芜铁矿都曾用水介质耦合爆破进行矿石开采，减少了岩石单位体积炸药消耗量和爆破危害，降低了粉矿率，改善了矿井爆破环境。

1.2.2 水介质耦合爆破实验研究

水介质耦合爆破具有理论深邃、影响因素复杂多变、过程繁杂、爆破效果存在不确定性等特点，采用模型试验方法探究水介质耦合爆破宏细观过程，总结分析多重介质模型爆破多基质动压传载特征与规律，可以为水介质耦合爆破机理的准确揭示提供依据。长期以来，对于水介质耦合爆破试验的分析已取得较多成果。例如，陈静曦采用应力波理论分析了岩石破裂机制，认为空气耦合装药爆破应力峰值比水介质耦合爆破大，应力峰值上升和持续时间均相对较短，对裂纹扩展长度影响较大。陈士海采用混凝土模型试验研究了水介质耦合爆破，确定了最佳装药结构和单孔装药参数，建立了炮孔内应力分布计算模型，现场应用取得了良好效果。黄年辉等同样采用水作为传爆介质进行了水介质耦合爆破试验，得出水介质耦合爆破冲击波传载损耗小，炮孔内压力持续时间长。冉恒谦等在室内实验室研究水介质耦合动水压力破岩作用，测试分析了爆生气体后续膨胀挤压作用下的孔内水介质压力变化规律。武海军采用混凝土模型试块分别进行了水介质耦合爆破和空气耦合爆破试验，研究表明水介质耦合爆破产生的爆炸压力峰值更大，持续时间更长。宗琦和罗强采用水泥砂浆材料对水介质耦合爆破进行实验分析，同样得到水介质耦合爆破爆炸压力峰值高、作用时间长的相同结论。经现场试验验证，得到的空气耦合爆破孔壁围岩应力明显偏低，而且随着耦合系数增大应力降低梯度越大。刘永胜等在切缝装药和含水炮孔爆破技术的基础上，提出了水介质耦合切缝药包装药结构，并在实验室内测试了水介质耦合爆破岩石动态力学响应，优化了装药结构参数。何广沂对水介质耦合爆破与预裂爆破进行实验对比分析，指出炮孔中是否含水是水介质耦合爆破与预裂爆破最本质的差别，且水介质耦合爆破可以明显提高炸药的能量利用率，减少了岩石单位体积炸药消耗。王作强等分别对水介质耦合/非耦合爆破技术进行了试验分析，研究表明水介质耦合装药爆破提高了矿块大块合格率，降低了炸药损耗，取得了显著技术经济效益。

1.2.3 水介质耦合爆破机理研究

水介质耦合爆破作为一项高效的煤岩体预裂增透技术，在工程实际运用中发挥着重要作用，对其爆破增裂机理的研究目前已取得较多成果。例如，宗琦等对水介质耦合爆破中冲击波的形成与传播进行了分析，计算出冲击波初始参数、孔壁压力参数等，研究指出水介质耦合爆破能显著提高爆炸能量利用率，增强破岩能力。罗云滚等探讨了水介质耦合爆破孔壁压力计算方法，研究了爆炸载荷作用下岩体动态应力场变化特征，从理论上求出了水介质耦合爆破生成的粉碎区、裂隙区范围及最佳装药耦合系数。颜事龙等基于爆炸动力学和应力波理论，推导出水介质耦合爆破在炮孔围岩中产生的粉碎区和裂隙区半径，并采用数值分析和工程应用结合的方法，研究了耦合系数对爆破破坏范围的影响。尹根成等对水压爆破机理研究表明，药柱爆轰后爆轰波在水中形成冲击波，到达炮孔壁时发生反射，反射波传播到分界面后水体达到准静压力状态，在准静态压力和反射波的共同作用下，孔壁发生振动、变形和开裂，而透射应力波压缩煤岩体产生切向拉伸应力，当拉应力大于煤岩体的动态抗拉强度时产生径向裂纹。明锋等应用爆破动力学、波动理论和弹性理论等建立了水介质耦合爆破孔壁上初始冲击压力和应力波衰减规律模型，采用数值分析方法对水介质耦合爆破作用下岩体的破坏过程进行了模拟分析，研究表明采用水介质耦合爆破技术，明显加快了施工进度，减少了粉尘产生量，改善了爆破环境。王伟等认为水介质耦合爆破产生的爆炸冲击波压力是岩石抗压强度的几十倍，与非耦合爆破条件相比，水介质耦合爆破可以有效增大孔壁围岩冲击波初始压力。水作为一种不可压缩介质，成为炸药与岩石间的传爆介质，能有效增加爆炸能量利用率，延长冲击波作用时间，因此选择合适的水介质耦合系数，可使孔壁围岩粉碎区减小，降低炸药能耗，提高炸药能量有效利用率。周超等研究了水压爆破过程中的煤岩体应力变化、裂隙扩展等，确定了煤层水压爆破孔的合理间距。赵华兵等证明了水介质耦合爆破能显著提高炸药能量利用率和破岩能力，并将水介质耦合爆破应用于竖井掘进中，研究指出水介质耦合爆破孔壁初始压力增长梯度将随着耦合系数的增大逐渐变缓。

1.3 主要研究内容

煤岩钻孔内充水承压爆破技术理念是在总结分析常规水中(水压)爆破技术和应用基础上进行的技术改进，但由于早期水中(水压)爆破技术机理缺乏系统研究，改进的煤岩钻孔内充水承压爆破理论体系尚有待进一步完善。因此，本书在总结吸收水中(水压)爆破前期优秀成果的基础上，进一步从实验和理论分析方面对改进型爆破技术的高效传载及破岩增裂机理进行深入研究。主要研究内容为：

(1) 钻孔内充水承压爆破实验分析

采用自制的水泥试块及专用的承压爆破实验装置开展多组试块正交爆破实验，通过与普通装药爆破效果对比，总结岩石钻孔内充水承压爆破技术优点，为进一步的实验优化和技术应用指明方向。为验证煤岩钻孔内充水承压爆破空孔导向与割缝药管定向效果，开展浅地表内石灰岩钻孔内充水承压定向爆破实验研究。与此同时，开展浅地表内大型石灰岩深孔承压爆破实验，验证高效能爆破动载作用下的安全静态破岩效果。

(2) 钻孔内充水承压爆破力学原理

采用爆炸与冲击动力学等相关理论,结合水介质中波的传播传载实验分析,研究钻孔内充水承压爆破条件下孔内炸药起爆后的波动传载与产物膨胀规律,探讨钻孔内装药周边承压介质对波动传载效能的影响,并结合承压介质自身属性,掌握爆轰高强载荷作用下的炸药周边介质受力及传载规律。

(3) 钻孔内充水承压爆破增裂机理与定向实现

采用流体动力学、应力波理论以及断裂力学等方法,对钻孔内充水承压爆破增裂机理进行深入分析,得到孔壁围岩波动传载作用下的破岩分区,揭示孔内承压水介质“楔入”裂隙空间后的围岩裂隙增裂扩展节理。与此同时,基于煤岩钻孔内充水承压爆破破岩机理,提出相应的定向爆破控制技术。

(4) 煤岩钻孔内充水承压爆破技术实践

以大同矿区某矿石炭系特厚煤层生产为背景,在分析采场强矿压显现特征基础上,开展坚硬煤岩钻孔内充水承压爆破技术实践,确定合理的爆破技术参数及主要工序,取得良好的坚硬煤岩爆破卸压和放煤效果。

2 钻孔内充水承压爆破实验分析

为了能更加显著与充分地证明该爆破新技术的可行性与良好破岩成效，采用承压水作为钻孔内装药周边的传爆介质，分别开展实验室条件下的水泥试块和天然采石场内的浅地表岩石块体钻孔内充水承压爆破实验研究，为安全高效能的改进型爆破技术在现场的推广运用提供借鉴与指导。

2.1 钻孔内充水承压爆破实验原理与装备

受煤岩力学特性、爆破形式以及爆破环境等的影响，煤岩钻孔内充水承压爆破过程是复杂的，对爆破效果的影响因素是多变的。因此，采用常规实验手段难以描述复杂多变的岩石爆破破裂过程，而正交实验法则通过采用少量实验，就能得到较好的效果与分析出较为准确的结论，帮助我们在错综复杂的影响因素中抓住主要矛盾，揭示事物发展的内在联系，找出较好的实验与生产条件，从而弥补常规实验的不足。

2.1.1 钻孔内充水承压爆破实验设计原理

2.1.1.1 钻孔内充水承压爆破正交实验因素

根据岩石介质在高压冲击作用下的压缩状态，综合考虑冲击波过后岩石质点的速率以及动量守恒关系，得到岩石介质 p_R—ρ_R 形式下的冲击压缩状态方程为：

$$p_R - p_{R0} = a^2 \rho_{R0} \left(1 - \frac{\rho_{R0}}{\rho_R}\right) \Big/ \left[1 - b\left(1 - \frac{\rho_{R0}}{\rho_R}\right)\right]^2 \tag{2-1}$$

式中 p_R、ρ_R——围岩透射区内冲击波后岩石介质压力与比容；

p_{R0}、ρ_{R0}——围岩透射区内冲击波前岩石介质初始压力与比容；

a、b——与岩石性质有关的经验常数。

借鉴水介质的高压状态关系，考虑岩石和水介质自身的物理力学特性，得到岩石承压爆破效果评定指标（爆破声响、粉尘产生量、光热效应、岩石破碎块度尺寸、破碎块体数量、宏观裂隙发育形态以及数量等）与炸药、承压水介质以及煤岩试块控制参数间的关系为：

$$F_x \rightarrow f\begin{pmatrix} Q、\rho_{e0}、E_{e0}、\gamma_{e0}、K_e、K_x、r_b、p_{w0}、\rho_{w0}、c_{w0}、A、n、 \\ \rho_{R0}、l_{R0}、D_{R0}、c_{R0}、a、b、E_{R0}、\mu_{R0}、Y_{R0}、l_x、Y \end{pmatrix} \tag{2-2}$$

式中，F_x 为钻孔内充水承压爆破效果评定指标；f 为评定指标函数；Q 为炸药装药量；ρ_{e0} 为装药密度；E_{e0} 为单位质量炸药化学能；γ_{e0} 为爆轰产物膨胀指数；K_e 为装药不耦合系数；K_x 为装药位置参数；l_x 为模型钻孔有效长度；r_b 为钻孔半径；p_{w0} 为承压介质初始压力；ρ_{w0} 为承压介质初始密度；c_{w0} 为承压介质声速；ρ_{R0} 为实验岩石密度；l_{R0} 为岩石特征尺寸；D_{R0} 为岩石试块初始损伤量；E_{R0} 为岩石弹性模量；c_{R0} 为岩石介质声速；μ_{R0} 为岩石泊松比；Y_{R0} 为岩石屈服极限；Y 为钻孔内装药有无药壳状态；A 和 n 为与介质材料相关的常量，以水介质为例，高压水状态方程中的常数 A 为 0.299 GPa，常数 n 取为 7.15。

这里着重分析承压水介质存在情况下的岩石钻孔内充水承压爆破破岩效果，为简化水泥试块的实验程序与次数，本批实验将采用相同的炸药与装药形式、同一类型的承压介质（水）以及相同的试块制作材料（水泥），从而得到以下不变相关参数，即：

$$\begin{pmatrix} \rho_{e0}、E_{e0}、\gamma_{e0}、\rho_{R0}、l_{R0}、D_{R0}、c_{R0}、A、 \\ n、a、b、E_{R0}、\mu_{R0}、Y_{R0}、K_e、K_x、l_x \end{pmatrix} = \text{const} \tag{2-3}$$

式中，const 代表定常值。

结合式(2-2)与式(2-3)，由此得到水泥试块钻孔内充水承压爆破实验条件下的影响因素与爆破效果指标间的联系可简化为：

$$F_x \rightarrow f(Q、r_b、p_{w0}、\rho_{w0}、c_{w0}、Y) \tag{2-4}$$

取 Q、ρ_{w0} 以及 c_{w0} 作为基本量，由此得到试块钻孔内充水承压爆破效果指标与关键影响因素间简化的无量纲关系满足：

$$F_x \rightarrow f(\prod\nolimits_1、\prod\nolimits_2、\prod\nolimits_3) \tag{2-5}$$

其中：

$$\prod\nolimits_1 = r_b/(Q/\rho_{w0})^{\frac{1}{3}},\prod\nolimits_2 = p_{w0}/(\rho_{w0}c_{w0}^2),\prod\nolimits_3 = Y$$

式中，$\prod_1 \sim \prod_3$ 为无量纲因素。

由式(2-5)可以看出，在煤岩钻孔内充水承压爆破过程中，炸药与其周边介质参数以及相应的钻孔孔径并不独立对岩石承压爆破破岩产生影响，而是以线性无关的无量纲组合对岩石爆破过程产生影响。因此，通过选定具有代表性的相应水平，确定无量纲变量组合中的相应参数后，即可通过少数几组实验的组合，得到较为全面的实验结果。

2.1.1.2 钻孔内充水承压爆破正交实验水平

已知水在常压下几乎是不可压缩的，即使当压力达到 98 MPa 左右时，水的密度变化也仅提高了约 0.05，因此对于实验中钻孔内的低承压水密度仍取为常压状态值 1.0 g/cm^3，此时对应的水介质声速约 1.5 km/s。为了能利用同一实验模具制作多个岩石块体，特将试块制作模具的装药直径固定为 0.04 m，最终得到岩石钻孔内充水承压爆破效果指标与关键影响因素间的无量纲关系为：

$$F_x \to f(\prod_1、\prod_2、\prod_3) = f(0.02Q^{-\frac{1}{3}}、0.44p_{w0}、Y) \quad (2\text{-}6)$$

参照水中爆炸研究成果，炸药在水中爆炸后的能量传递效率以及对水中构筑物的破坏率都相对较高，同时又鉴于自制水泥试块的强度相对较低。本实验在对自制水泥块试件进行钻孔内充水承压爆破时，特将炸药量选定为低水平状态（分别将炸药量设定为 3 g 与 8 g 两个水平），防止试块爆破过程中碎石的过度飞散造成不良后果。

为对比水介质压力不同条件下的岩石破坏效果，特将钻孔内水介质压力水平分别设置为 0 MPa 与 3 MPa，从而避免过高的水压对自制岩石试块封孔作业造成困难。

自制水泥试块钻孔内充水承压爆破情况下的实验因素及其相应实验水平，如表 2-1 所示。

表 2-1　　水泥试块钻孔内充水承压爆破实验因素及水平

实验因素	实验水平	
Π_1	炸药量 8 g 对应水平(A1)为 0.010	炸药量 3 g 对应水平(A2)为 0.014
Π_2	水压 0 MPa 对应水平(B1)为 0	水压 3 MPa 对应水平(B2)为 1.32
Π_3	水平(C1)为有壳	水平(C2)为无壳

2.1.2　钻孔内充水承压爆破试样配制

岩石是一种硬度相对较高的介质，生产中欲取得良好的岩石爆破控制效果，首先应确定合理的岩石爆破参数，而岩石强度对爆破参数的选择具有重要影响。因此，岩石钻孔内充水承压爆破实验设计时，必须先对试块强度特性进行实验分析，为合理爆破参数的选择提供依据；其次，再针对岩石承压爆破实验特点，制作专用的承压爆破实验模具，选择相应的实验设备。

自制水泥大型试块钻孔内充水承压爆破实验前，首先对不同材料（水泥与砂子）配比条件下的小型试块强度进行测试分析。不同材料配比条件下的小型水泥试块制作与单轴抗压实验，如图 2-1 所示。

通过对自制的小型水泥试块进行单轴抗压强度实验分析，最终得到了不同材料配比条件下的小型水泥试块强度特征，如表 2-2 所示。

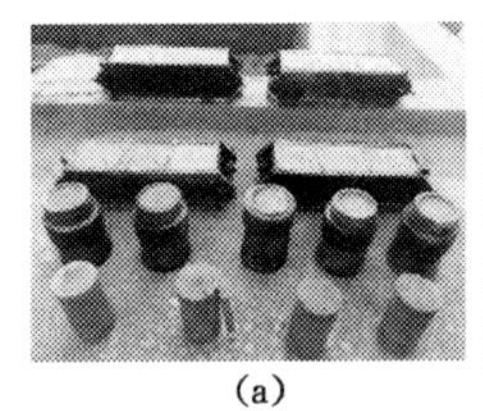
(a)

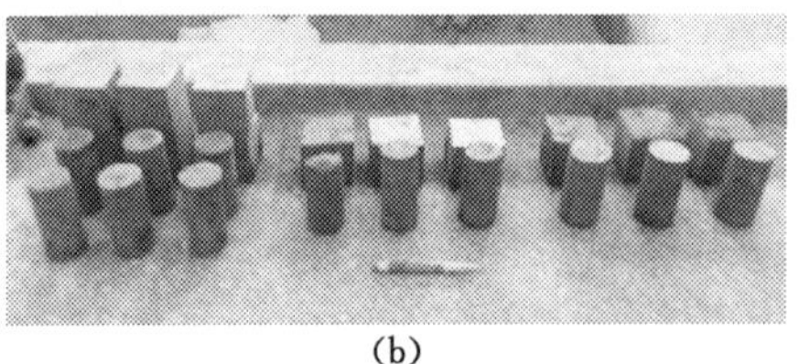
(b)

(c)

图 2-1　自制水泥小型试块制作与单轴抗压实验

(a) 小型水泥试块制作模具；(b) 不同配比下的成型试块；(c) 岩石单轴实验压力机

表 2-2　不同配比条件下的水泥试块强度

材料质量配比	试块编号	试块尺寸/mm		试块面积/mm²	破坏载荷/kN	抗压强度/MPa
水泥：砂子		直径	高度			
0.6：1	1	49.42	99.54	4 919.27	46	9.35
	2	48.67	98.69	4 803.24	32	6.67
	3	48.51	100.04	4 852.94	41	8.45
1：1	1	50.12	99.94	5 008.99	89	17.77
	2	49.63	98.87	4 906.92	92	18.75
	3	49.24	99.79	4 913.66	87	17.71
2：1	1	49.58	100.25	4 970.40	136	27.36
	2	48.76	99.68	4 860.40	147	30.24
	3	50.13	99.48	4 986.93	143	28.67

表 2-2 中的实验测试数据表明，随着材料配比中水泥成分的增加，水泥试块的强度将有所增大。水泥与砂子成分的比例达到 2 时，试块的单轴平均抗压强度在 28.76 MPa 左右。如若再继续增加试块中的水泥成分，容易导致试块在后期干燥过程中起皮、开裂，因此最终将实验模型材料的配比选定为 2：1(水泥：砂子)。

但值得指出的是，小型水泥试块抗压强度较低的原因在于试块自制过程中没能对其中的空气进行很好地排出，从而导致小型水泥成型试块具有较高的孔隙率，构成试块的原始损伤，降低试块的单轴压缩强度。因此，在大型水泥试块的制作过程中，要采用水泥振动棒对介质中的混合气及时排出，以减小试块成分间的孔隙率，适当提高大型水泥试块的强度。

2.1.3　钻孔内充水承压爆破实验装备

本批实验将同时对自制大型水泥试块以及天然浅地表石灰岩块体进行钻孔

内充水承压爆破分析。其中，自制水泥试块规格要求为：

(1) 试块模型尺寸 50 cm×50 cm×50 cm，模型材料密度 2 000 kg/m³，总质量250 kg，试块自制过程中所需水体积 32 L，水泥质量 167 kg，砂子质量 83 kg；

(2) 实验所需 5 个试块模型，总质量约 1 250 kg，所需水总体积 160 L，水泥总质量 668 kg，砂子总质量 332 kg；

(3) 为便于装药及选择合适规格配套钢管，模型钻孔直径固定为 40 mm，注水管固定埋深 150 mm，注水管内直径 42 mm，外直径 45 mm，用于留设钻孔的钢杵直径为 40 mm。

由于岩石爆破实验条件具有一定的特殊性，为保证爆破实验过程中的安全，该组实验选在野外采石场内进行。因为实验场地环境较为复杂，自制大型水泥试块需要通过吊车进行输运，如图 2-2 所示。

(a)　(b)　(c)

图 2-2　自制水泥试块输运过程

(a) 实验场地平整；(b) 单个试块的输运；(c) 多组试块的输运

在采石场内就近选择大小适中、形状相对规整的天然石灰岩块体作为钻孔内充水承压爆破对象。采用直径为 38 mm 的钻杆，通过在试块内打设不同深度的钻孔进行浅地表岩石钻孔内充水承压爆破效果分析。采石场内选定的天然试块如图 2-3 所示。

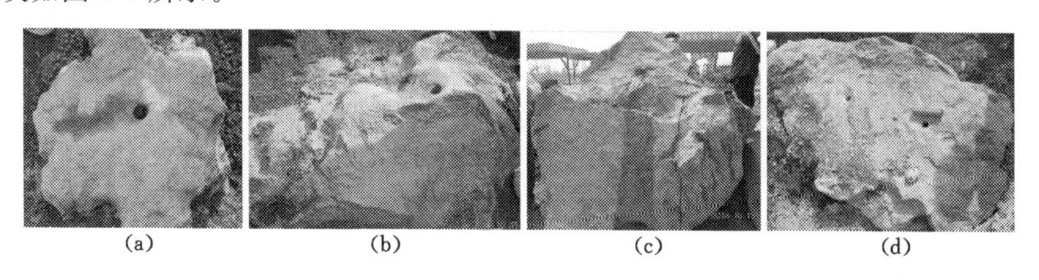

(a)　(b)　(c)　(d)

图 2-3　采石场天然石灰岩试块

(a) 预水平定向岩块；(b) 浅埋深孔岩块；(c) 地表深孔岩块；(d) 预垂直定向岩块

图 2-3(a)所示的岩石块体直径特征量在 0.6 m 左右，高度约 0.5 m，钻孔打

设深度为 0.4 m。

图 2-3(b)所示的浅埋岩石块体，埋藏深度约 3.7 m，钻孔深度打设 2.8 m，平均直径约 1.5 m。

图 2-3(c)所示的地表大型岩块高度约 2.7 m，四边宽度基本一致，平均在 1.8 m左右，钻孔打设深度 2.4 m。

图 2-3(d)所示的块体长度在 2.6 m 左右，宽度约 0.7 m，平均厚度在 0.5 m 左右，沿长度方向布置两个钻孔，孔间距为 1.0 m，钻孔深度 0.4 m。

野外进行水泥试块与天然石灰岩钻孔内充水承压爆破实验过程中，所涉及的一些模具、器材以及相关监测设备，如图 2-4 所示。

图 2-4　承压爆破实验相关设备

(a) 水泥试块制作模具；(b) 水泥成型试块；(c) 雷管；(d) 自制药管；
(e) 承压爆破定向装置；(f) 硝铵炸药与电子秤；(g) 带颜色的水介质；
(h) 钻孔窥视仪；(i) 高速相机

2.2　钻孔内充水承压爆破实验分析

钻孔内承压水中炸药起爆后，瞬间产生的高温、高压爆轰产物将强烈地压缩与推动装药周边的水介质，导致水介质压力、密度和温度突跃增高，在水介质中激起高强度的冲击波，对钻孔周边孔壁围岩产生破坏，显著提高了炸药爆破效能。

2.2.1　水泥试块钻孔内充水承压爆破实验分析

采用自制的多组水泥试块进行岩石钻孔内充水承压爆破多因素实验分析，观测岩石钻孔内水介质存在条件下的岩石破裂过程与破坏效果，为岩石承压爆破控制参数的优化和选取提供实验依据。

2.2.1.1 水泥试块钻孔内普通装药爆破对照实验

自制水泥试块钻孔内充水承压爆破实验开始前，首先进行装药量为 10 g 的孔内普通装药爆破实验，一方面为钻孔内充水承压爆破合适装药量的确定提供参照，另一方面作为钻孔内充水承压爆破实验效果的对照。普通装药水泥试块及爆破后的最终效果，如图 2-5 所示。

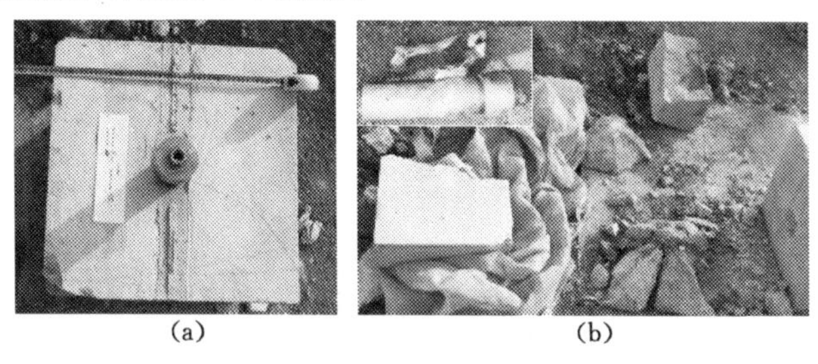

(a) (b)

图 2-5 普通装药试块与最终爆破效果

(a) 连线后的水泥试块；(b) 最终爆破效果

采用高速相机对自制大型水泥试块进行普通装药爆破实验观测，得到试块钻孔内空气介质存在条件下的岩石破裂过程，如图 2-6 所示。

(a) (b) (c) (d)

(h) (g) (f) (e)

图 2-6 钻孔内空气介质存在条件下的岩石爆破破裂过程

由图 2-6 可以看出，水泥试块普通装药爆破条件下，孔内炸药起爆瞬间，在孔口位置将产生带有明显火光的高温气体冲出物[图 2-6(a)至图 2-6(c)]；随后，在孔内爆轰产物的急剧膨胀挤压作用下，水泥试块开始从自由面中部起裂，并在孔口与破裂面位置产生大量白色粉尘气态产物[图 2-6(d)]；最后，在孔内爆轰产物继续膨胀做功影响下，钻孔围岩开始全面破裂成大小不均的散碎块体，携带部分动能向外飞散，同时伴有大量气态粉尘产物产生[图 2-6(e)至图 2-6(h)]。

2.2.1.2 水泥试块钻孔内充水承压爆破实验步骤

自制大型水泥试块钻孔内充水承压爆破实验管线连接实物及孔内装药、封孔方式，如图 2-7 所示。

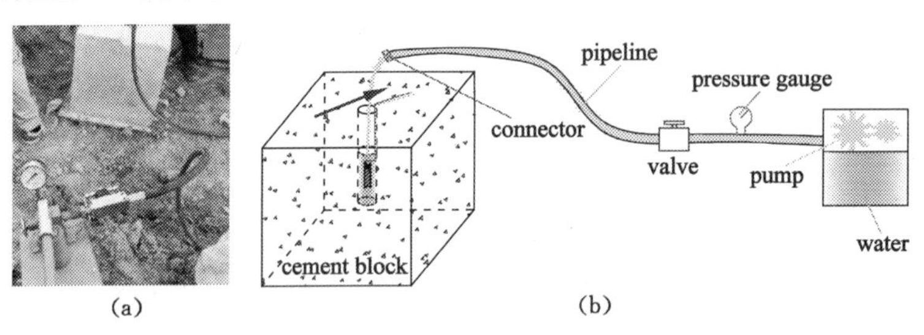

图 2-7 水泥试块钻孔内充水承压爆破管线连接与装药封孔方式

(a) 爆破管线连接实物；(b) 装药封孔方式

水泥试块钻孔内充水承压爆破实验过程具体操作步骤为：

(1) 将炸药雷管线路与试块中预先埋设的炮线连接，并采用电阻仪检测线路导通情况；

(2) 线路连接导通后，采用固定装置将炸药管固定在孔内预定位置，同时将混合均匀的带颜色水介质注满钻孔空间；

(3) 封紧钻孔螺帽，并将炸药线路连接至起爆器，需要孔内加压的，采用手压泵将钻孔内水介质加压至预定压力后，关闭截止阀，人员立即撤离 100 m 外，准备起爆；

(4) 高速相机操作人员采用现场大石块作为屏障，并用木板罩住人员与机器，待相机调试好后，再与炸药起爆人员进行同步操作，观测水泥试块具体破裂过程。

2.2.1.3 水泥试块钻孔内充水承压爆破效果

(1) 第一组实验(A1B1C1：装药量 8 g；水压 0 MPa；有装药外壳)

钻孔内含水的静水压力爆破条件下，水泥试块装药与岩石最终破裂结果，如图 2-8 所示。

由图 2-8 可以看出，尽管水泥试块钻孔内的装药量有所减少，但由于装药周边水介质的存在，大型水泥试块最终却被裂解成了大量块度相对均匀的小尺寸(特征尺寸 0.07～0.26 m)块体。

为看清水泥试块钻孔内静水压力爆破条件下的岩石破裂过程，同样采用高速相机对其破裂过程进行监测。得到静水压力情况下，孔内装药 8 g，含有药管时的岩石破裂过程，如图 2-9 所示。

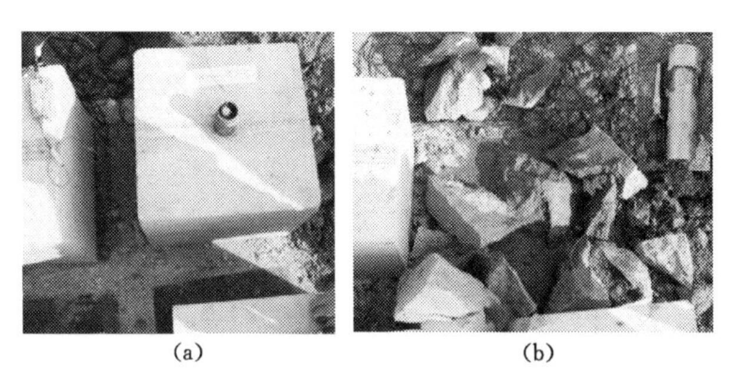

图 2-8 A1B1C1 组合与最终爆破效果
(a) 连线后的水泥试块;(b) 试块最终爆破效果

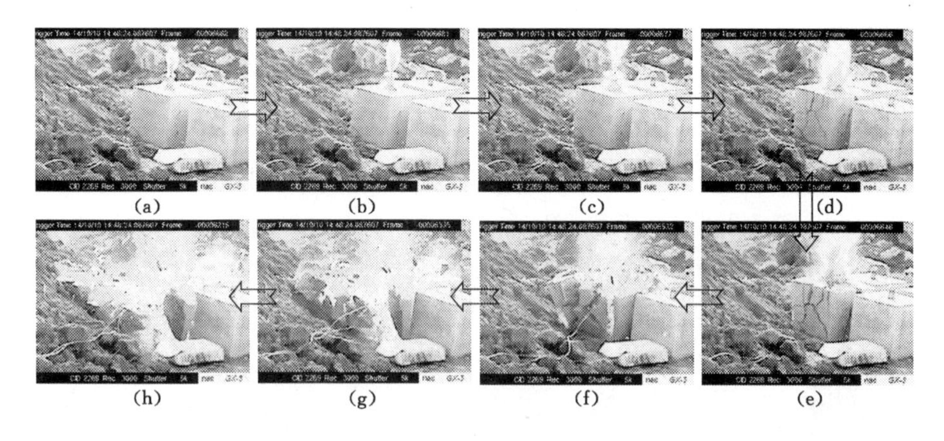

图 2-9 承压爆破 A1B1C1 组合条件下的岩石破裂过程

由图 2-9 可以看出,在钻孔内炸药起爆的瞬间,静水压力、含药管条件下的爆破产物高温得到了很好控制,此时虽然有部分产物冲出孔口,但由于水汽的稀释,产物中并没有携带火光与粉尘[图 2-9(a)至图 2-9(c)];随后,在孔内爆轰产物与水介质的共同作用下,试块周边开始均匀破裂[图 2-9(d)至图 2-9(f)],但与孔内空气介质存在情况不同的是,爆轰产物与水介质混合物并没有立刻沿着块体周边破裂缝隙挤出,而是由于孔口密封不牢固,主要以孔口喷发的状态呈现,此时水介质爆轰高压下的膨胀速度小于空气介质的结论在这里也得到了证实;最后,当试块被大范围破裂后,孔内爆轰产物与水介质混合物压力已降低到一定程度,传递给破裂围岩的动能也小到一定范围,此时虽有少量破碎岩石块体飞散,但抛掷距离却相当有限(小于 4.3 m)。同时,水介质存在情况下的粉尘产物将完全被钻孔中水汽所稀释,并且在岩石爆破后的短暂时间内得以净化。通过对比图 2-6 和图 2-9 的实验结果,静水压力、含药管条件下的岩石爆破破裂效果明显要好于普通装药爆破条件。

(2) 第二组实验(A2B1C2:装药量 3 g;水压 0 MPa;无装药外壳)

钻孔内静水压力爆破条件下,少量炸药、不带药管时的试块装药与岩石最终破裂结果,如图 2-10 所示。

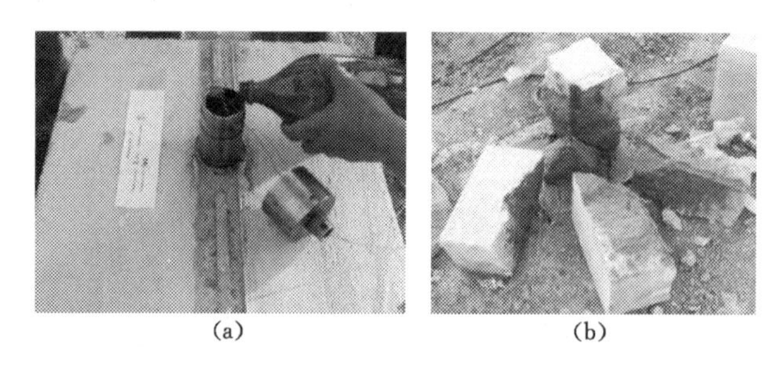

(a)　　(b)

图 2-10　A2B1C2 组合与最终爆破效果

(a) 连线后的水泥试块;(b) 最终爆破效果

可以看出,少量炸药在静水中的爆炸威力相对较小,但由于水介质的作用,钻孔内炸药爆炸对岩石块体的作用却是相对均匀的,该条件下的大型岩石试块仅在 3 g 炸药作用下就被均匀破裂成了四块。

少量炸药、无药管、静水压力作用下的水泥试块爆破破裂过程,如图 2-11 所示。

(a)　(b)　(c)　(d)

(h)　(g)　(f)　(e)

图 2-11　承压爆破 A2B1C2 组合条件下的岩石破裂过程

与 8 g 装药条件下的岩石静水爆破过程相比,钻孔内炸药起爆期间的宏观表现基本一致,都存在少量的爆轰产物冲出孔口,产生的水汽同样对高温火光与粉尘具有很好的稀释作用[图 2-11(a)至图 2-11(c)];与 8 g 炸药爆破结果明显区别的是,3 g 炸药量情况下对应的岩石破裂块体数目较少,破裂块体尺寸较大,但却较为均匀[图 2-11(d)至图 2-11(h)]。总体看来,少量炸药、无药管、静水压力作用下的水泥试块爆破破裂过程相对稳定,并不具有一般爆破情况下的剧烈动态效应。由此可见,钻孔内装药周边水介质的存在与良好的传载性能,导致炸药爆炸强动载对围岩的作用接近于静态破岩过程。

(3) 第三组实验(A2B2C1:装药量 3 g;水压 3 MPa;有装药外壳)

同理,对少量炸药、具有药管、承压水条件下的水泥试块爆破破裂特征进行实验分析,得到的岩石破裂前后状态特征,如图 2-12 所示。

图 2-12 A2B2C1 组合与最终爆破效果

(a) 装药连线试块;(b) 加压管路连接;(c) 最终爆破效果

与第二组实验结果一致,相同炸药量情况下,含药管和承压水时的水泥试块在承压爆破作用下,被均匀地破裂成四块。该条件下的破岩具体过程,如图 2-13所示。

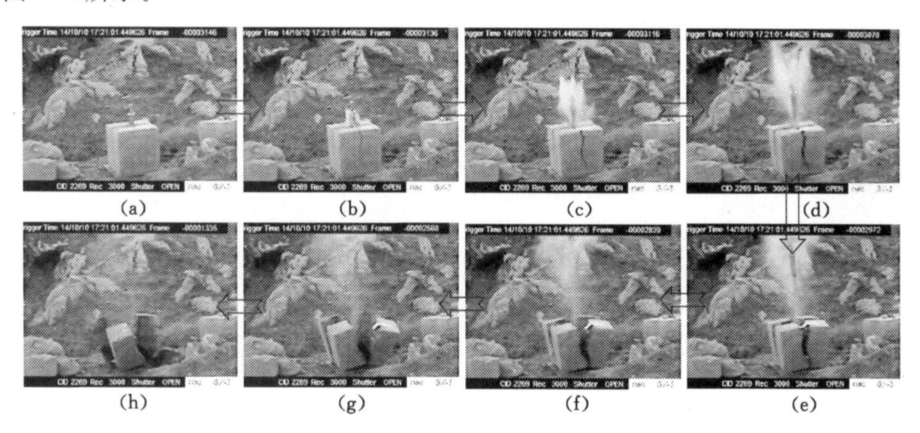

图 2-13 承压爆破 A2B2C1 组合条件下的岩石破裂过程

第三组实验过程与第二组实验相比,钻孔内含有炸药药管条件下的能量汇聚程度相对较高,当孔内爆轰产物与周边承压水介质混合物从孔口喷发时,在孔内较高集中能量作用下，混合产物喷发形状将主要呈放射状[图 2-13(c)至图 2-13(g)]，而在无药管的相同情况下，孔内产物喷发则以柱状为主[图 2-11(c)至图 2-11(g)]。

(4) 第四组实验(A1B2C2：装药量 8 g；水压 3 MPa；无装药外壳)

8 g 炸药、不含药管、承压水条件下的水泥试块爆破破裂前后状态特征，如图 2-14 所示。

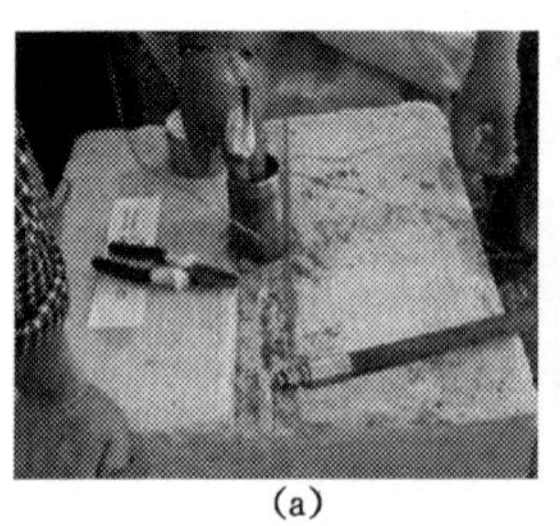
(a)

(b)

(c)

图 2-14　A1B2C2 组合与最终爆破效果

(a) 装药连线试块；(b) 加压管路连接；(c) 最终爆破效果

值得指出的是，该次实验中由于对手压泵调试的时间过长，导致药包长期在承压水中浸泡，从而引发雷管后期不能引爆炸药，这从图 2-14(c)中的黑色粉末物质可以看出。因此，该试块的承压爆破效果将完全由雷管自身引爆而产生。可见，在钻孔内充水承压爆破条件下，由于承压水介质优良的传能效应，即使在极小药量条件下，炸药爆轰能也能得到充分发挥，取得较好的破岩效果，从而降低岩石爆破中对炸药用量的要求。

由于雷管引爆情况下的岩石破裂没有明显的动态表象，采用高速相机对其破裂过程进行远距离观察，并没有得到相应的动态过程图片。

2.2.2　浅地表岩石钻孔内充水承压爆破实验分析

水泥试块钻孔内充水承压爆破实验结果为该技术在岩石爆破现场的应用指明了方向，实验指出岩石钻孔内充水承压爆破技术具有良好的能量利用率与友好的爆破环境等特点。在此基础上，为进一步推广该技术应用领域，这里还采取了对浅地表石灰岩大型块体进行钻孔内充水承压爆破的实验研究，为该技术的进一步完善提供素材、为矿井复杂环境下的煤岩爆破安全控制提供借鉴。

2.2.2.1　浅地表岩石钻孔内充水承压爆破实验步骤

本次实验就近采石场进行选材，实验内容主要集中对采石场内浅地表大型岩石块体进行钻孔内充水承压深孔定向爆破，检验装药周边水介质在深孔条件下的传爆性能，以及割缝药管在岩石定向爆破控制中的应用效果。浅地表岩石承压爆破实验块体及钻孔布置方式，如图 2-15 所示。

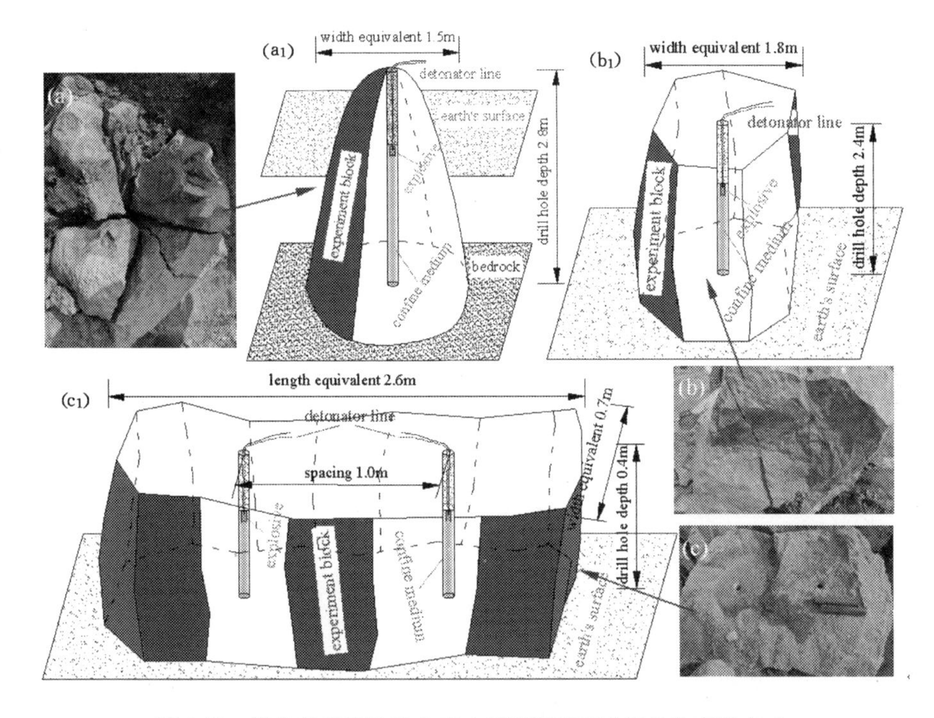

图 2-15 浅地表岩石钻孔内充水承压爆破实验及钻孔布置方式

由于本次实验没有采用专用封孔装置，因此只对采石场内浅地表岩石开展孔内静水介质传载条件下的爆破实验观测，爆破实验步骤相对简单：

(1) 在采石场内选择大小适中的完整岩石块体，做好标记；

(2) 根据选择岩石的块体形状与大小，确定钻孔打设位置以及打设深度；

(3) 采用直径为 38 mm 钻杆，对预先标定的岩石块体分别打孔，直至块体内钻孔预设深度；

(4) 将雷管与定量炸药捆绑一起送入钻孔内预定位置，然后将带有颜色的水介质注满岩石钻孔；

(5) 采用水介质稀释的黏土进行封孔，封孔长度为钻孔长度的 1/3；

(6) 将雷管引线与起爆器连接，并在一定距离(50 m)外引爆炸药，同时采用高速相机进行同步观测。

2.2.2.2 浅地表岩石钻孔内充水承压深孔爆破效果

为进一步说明岩石钻孔内充水承压爆破过程中装药周边承压水介质具有良好的传载效能，采用钻孔内充水承压爆破的方法对浅地表岩石进行深孔爆破实验分析，为矿井复杂条件下的煤岩深孔爆破技术应用提供指导。

(1) 浅埋岩石深孔爆破

采用 10 g 硝铵炸药对埋深在 3.7 m 左右的浅埋石灰岩大试块进行深孔(孔深 2.8 m)水中爆破实验分析,具体操作步骤为:

① 采用钻孔窥视仪对预先打设好的钻孔进行全长观测,探测钻孔壁面完整程度;

② 将 10 g 硝铵炸药连同雷管共同装入防水套内,由引线牵引放置钻孔内预定位置(距孔口 1.0 m),同时采用带有颜色的水介质将钻孔注满;

③ 采用塑料细长杆将与钻孔孔径大小相当的硬纸团推进至钻孔内装药位置(距孔口 1.0 m),然后采用黄泥对钻孔进行封孔;

④ 人员撤离至一定位置,并将雷管引线和起爆器连接,准备起爆。与此同时,采用高速相机对浅埋岩石深孔水中爆破破岩过程进行同步观测;

⑤ 再次采用钻孔窥视仪对爆破过后的深孔孔底破裂情况进行观测。

对浅埋石灰岩大型试块进行水中爆破,得到岩石深孔爆破前后的破坏形态,如图 2-16 所示。

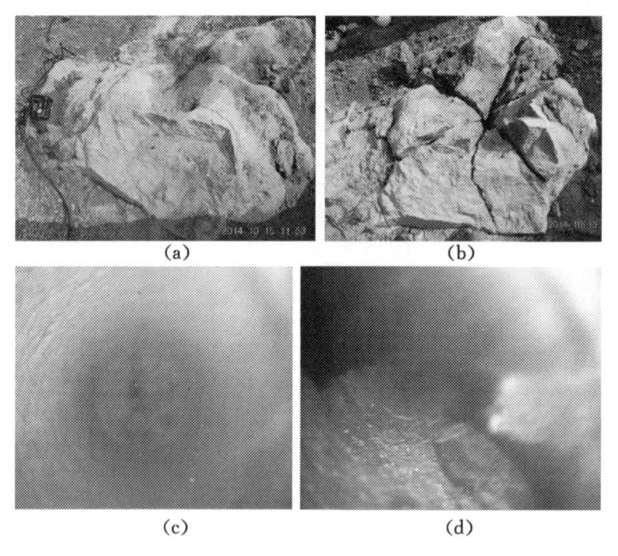

图 2-16 浅埋岩石深孔水中爆破前后岩石破坏形态

(a) 爆破前孔口形态;(b) 爆破后孔口形态;(c) 爆破前孔底形态;(d) 爆破后孔底形态

采用 10 g 硝铵炸药对体积约为 6.5 m^3 的大型石灰岩块体进行水中爆破,取得了良好的破岩效果。图 2-16(a)与图 2-16(c)所示为大型岩块水中爆破前的孔口及孔底完好形态。经过水中爆破后的孔口及孔底形态,如图 2-16(b)与图 2-16(d)所示。可以看出,即便对于外形稍不规则的大型浅埋块体,通过采取孔内水中爆破的方法也基本实现了钻孔全长范围的围岩均匀破裂效果。可见,深孔水中爆破破岩条件下，水介质的存在将使得有限的炸药爆轰能量可以均匀地作用于钻孔全长范围，从而有效提高了炸药能量利用率。因此，在煤矿井下深孔爆破过程中，采用该技术可以避免深孔装药的困难，只需将炸药放置在孔口浅部位置，通过承压介质的均匀转载，可实现钻孔全长范围的围岩预裂效果。

采用高速相机对浅埋石灰岩深孔水中爆破破岩过程进行观测，得到岩石深孔水中爆破破岩过程，如图 2-17 所示。

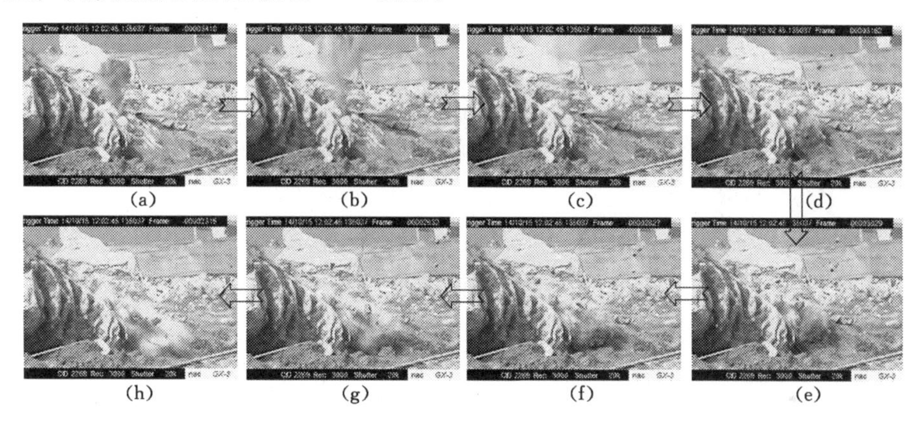

图 2-17　浅埋岩石深孔内水中爆破破岩过程

由于黄泥封孔承压能力较差，孔内炸药爆炸瞬间，在高温高压爆轰产物作用下，封孔黄泥将被高速冲出，如图 2-17(a)至图 2-17(c)所示，从而产生一定的能量损失；此后，大型浅埋岩石块体在孔内水介质的均匀传载作用下趋于静态破裂过程，同时伴有孔内水介质高速"楔入"围岩缝隙现象，从而加速钻孔围岩裂隙扩展，实现钻孔全长范围的岩石均匀破裂，如图 2-17(d)至图 2-17(h)所示。

在地表浅埋岩石深孔水中爆破的整个静态破岩过程中，由于孔内水介质的湿润、降温以及稀释作用，整个岩石爆破过程完全没有火光与粉尘产生；除大型岩块表面上的浮石/土在爆破过程中存在抛掷现象外，浅埋岩石本身基本没有碎块产生。可见，深孔中的水中爆破破岩，一方面实现了有限炸药能量的高效利用，另一方面由于水的均匀传载和静态破岩作用，充分保证了岩石爆破作业的安全。因此，岩石中深孔水中爆破最终达到了高效能炸药爆轰作用下的安全静态破岩目的，实现了炸药爆炸超动载和静态水介质静载破岩的统一。

(2) 地表岩石深孔爆破

采用 5 g 硝铵炸药对地表石灰岩大块体开展深孔(孔深 2.4 m)水中爆破实验分析，其操作步骤与浅埋岩石操作基本一致。不同的是，该岩石块体内装药位置距孔口 0.8 m，因此黄泥封孔长度亦为 0.8 m。连线起爆后得到地表大型石灰岩块体深孔水中爆破前后的破坏形态，如图 2-18 所示。

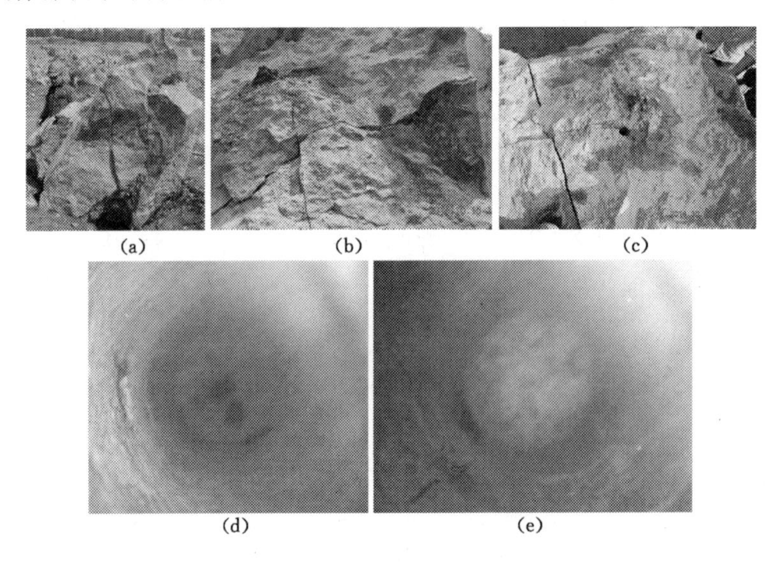

图 2-18　地表岩石深孔水中爆破前后岩石破坏形态

(a) 爆破前孔口形态；(b)、(c) 爆破后孔口形态；(d) 爆破前孔底形态；(e) 爆破后孔底形态

由于地表岩石自由面的存在，仅采用 5 g 硝铵炸药对体积约为 8.7 m^3 的大型石灰岩块体进行钻孔内水中爆破，取得了良好的岩石预裂效果。由图 2-18 可以看出，地表大型岩块在孔内水中爆破作用后，试块贯通裂隙面主要沿着截面对边中心连线方向产生，这与水泥试块钻孔内充水承压爆破情况下的岩石破裂情况一致，再次证明了钻孔内承压介质的存在使得高强度、剧烈爆炸条件下的岩石块体趋于安全静载破裂过程，且由于孔内介质的均匀传载作用，钻孔周边裂隙自孔底至孔口实现了全部贯通。值得指出的是，本实验中试块截面对边中心连线方向上的破裂线交叉点并不位于钻孔装药中心[如图 2-18(c)所示]，产生该现象的原因是试块内原始弱面的存在[如图 2-18(b)所示]导致了沿弱面方向的裂隙优势扩展，在一定程度上抑制了钻孔周边其他方向裂隙的发育、扩展。

采用高速相机对地表大型石灰岩块体深孔水中爆破破岩过程进行观测，得到岩石深孔内水中爆破的破岩过程，如图 2-19 所示。

由于黄泥封孔承压能力较差的原因，在地表岩石深孔内水中爆炸的初始阶段，孔内封孔黄泥将率先高速冲出，如图 2-19(a)至图 2-19(d)所示；由于孔内装药量较少，加之装药周边水介质的湿润、降温以及稀释作用，整个地表岩石爆破过程同样没有明显火光、粉尘以及抛掷碎石产生，这与浅埋岩石的深孔水中爆破现象一致。再次证明岩石中的深孔水中爆破可以取得高效能炸药爆轰作用下的

(a) (b) (c) (d)

图 2-19 地表岩石深孔内水中爆破破岩过程

安全静态破岩效果，实现炸药爆炸超动载和静态水介质静载作用的统一。

2.2.2.3 浅地表岩石钻孔内充水承压定向爆破效果

对于导向孔存在条件下的岩石定向爆破控制技术研究，无论从理论还是实验方面，目前都已取得较多成果，这里不再赘述。本书将主要通过现场实验的方法，对割缝管技术在岩石承压定向爆破控制中的应用效果进行分析，为矿井复杂环境下的煤岩定向爆破控制提供参考。

(1) 浅地表内岩石爆破水平定向

采用水平割缝管内装药 3 g 情况下，对较小尺寸的石灰岩块体进行静水压力爆破。岩石块体孔内药管装药过程和块体最终定向破裂效果，如图 2-20 所示。

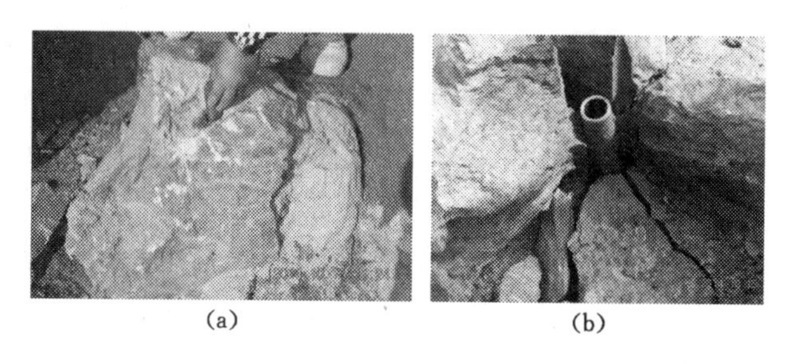

(a) (b)

图 2-20 岩石水平定向装药与破岩结果

(a) 岩石水平定向装药过程；(b) 岩石水平定向爆破结果

图 2-20 明显地给出了石灰岩块体在水平割缝管存在条件下的水中定向爆破分层效果。在装药周边水介质的高效传载以及割缝管聚能导向破岩作用下，坚硬石灰岩块体中部实现了良好的水平分层效果，在较少的装药量条件下，孔内有限炸药爆轰能量得到了高效利用。但由于高速相机操作上的失误，本次实验并没有观测到岩石水平定向爆破破岩具体过程。

(2) 浅地表岩石爆破垂直定向

对每孔装药 3 g、具有垂直割缝管、静水压力爆破作用下的石灰岩块体破裂过程进行实验分析，得到的岩石破裂前后状态特征，如图 2-21 所示。

(a) (b)

图 2-21 岩石双孔垂直定向药管与破岩结果

(a) 岩石双孔垂直定向药管；(b) 岩石垂直定向爆破结果

由图 2-21 可看出，采用垂直割缝管对双孔间距为 1 m 的石灰岩进行定向爆破控制，完全达到了岩石预定方向破裂要求，此时岩块内裂隙将严格按照原双孔割缝管管缝连接方向进行规则扩展与贯通，最终形成了平整破断面。将该技术推广应用于煤矿井下，将为煤层覆岩的定向预裂控制与步距式放顶提供一种高效快捷途径。

采用高速相机对岩石块体承压爆破垂直定向预裂过程进行监测，得到双孔内割缝管垂直定向爆破破岩过程，如图 2-22 所示。

根据岩石内双孔割缝管垂直定向爆破破岩过程，推理分析得到以下结论：

① 岩石双孔内炸药同步起爆瞬间，高强度爆轰波将在岩石内激起较强应力，此时岩石内双孔互为导向，在钻孔连线方向出现最大拉应力，使得钻孔壁面最先在此方向呈现拉破坏形式。

② 伴随炸药高温高压爆轰产物的膨胀，在药管割缝位置将瞬间形成高压冲击载荷，经过药管周边水介质的高效传载，高强度冲击载荷将直接作用于割缝连线方向上的钻孔壁面，导致该处围岩的塑性压缩破坏。此时，药管割缝连线方向上的钻孔壁面拉破坏与塑性压破坏区叠加，形成导向裂隙，有利于双孔割缝药管水中爆破对岩石的垂直定向破裂。

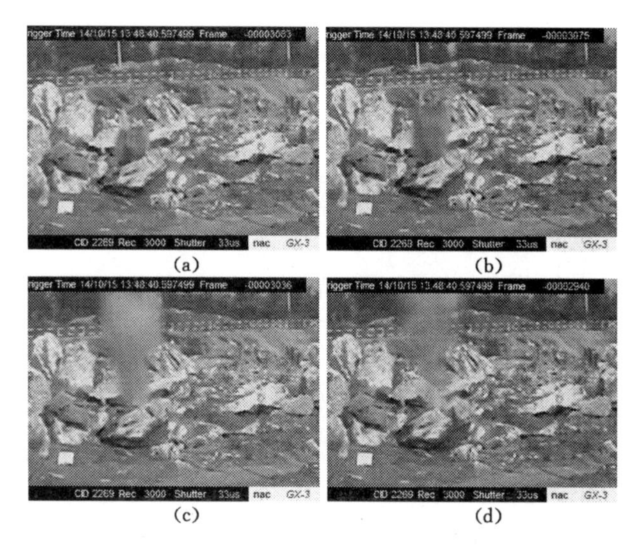

(a) (b) (c) (d)

图 2-22 双孔内割缝管垂直定向爆破破岩过程

③ 图 2-22(a)至图 2-22(c)所示钻孔连线方向上形成的平面水幕说明，在岩石内双孔壁面导向裂隙形成后，随着炸药高温高压爆轰产物对周边水介质的挤压作用，高压水介质将被高速“楔入”孔内周边导向裂隙空间，对钻孔导向裂隙形成较高的挤压扩孔作用，而钻孔连线方向的导向裂隙将在孔内高压水的作用下进一步扩展直至相互贯通。

④ 随着钻孔内药管割缝连线方向上导向裂隙的扩展以及双孔周边裂隙面的形成与导通，钻孔连线方向上裂隙空间内水介质压力逐渐减小，使得沿裂隙面喷出的水介质冲量有所减少，导致水幕高度及浓度逐渐降低，如图 2-22(d)所示。

2.2.3 钻孔内充水承压爆破实验优化设计

岩石钻孔内充水承压爆破条件较为复杂，在高强度炸药爆轰能量的作用下，岩石爆破过程中伴随有声、光、气、粉尘等复杂产物生成，且由于爆轰作用过程极为迅速，对于实验结果的评定难以定量描述。在此情况下，可根据具体爆破条件采用相应的非数量指标进行评价，例如，对爆破声响、火光强度、粉尘产量、岩石破裂程度以及破裂方式等进行等级划分，对非数量指标进行评分，当作数量指标来处理，得到对岩石爆破实验结果的定量描述。具体评分方法与分数等级可根据实际情况确定，尽量遵从等级细划分原则，避免等级划分幅度较大、过于粗糙，影响对实验结论的准确判断。

通过对岩石钻孔内充水承压爆破实验过程的观测分析，选取岩石爆破声响、炸药爆炸火光产生强度、岩石爆破粉尘产生量、岩石破碎块度以及爆轰气态产物在空气中的净化时间作为煤岩钻孔内充水承压爆破实验的评价指标。具体指标评分标准如下：

(1) 将岩石爆破过程中产生的声响按强度大小进行评分，具体划分为1～5个等级，声音强度越高者分数越低，例如强烈刺耳的高强度声响对应1分，而近于静载破裂时的微声响状态则为5分；

(2) 对岩石爆破实验中有无明显火光产生进行分数评定时，有火光产生时得1分，无火光条件下得2分；

(3) 将爆破中产生的粉尘量指标划分为5个等级，产生浓烈烟雾时标定为1分，仅有少量甚至不产生粉尘时定为5分；

(4) 将岩石破碎块度指标划为3个等级，块度较大(＞0.25 m)且不均匀者标定为1分，块度相对较小(0～0.10 m)且均匀分布时标定为3分；

(5) 岩石爆破气态产物净化时间可细分为3个等级，岩石爆破后空气15 s内得到净化时得3分，超过1 min才得以净化时标定为1分。

根据以上指标评定标准，岩石钻孔内充水承压爆破过程中，通过多人对同一实验过程进行单独评定，得到爆破后岩石破裂实验结果评分情况，如表2-3所示。

表2-3　岩石钻孔内充水承压爆破实验结果评分

实验组合	实验结果评定分数						
	爆破声响	火光强度	粉尘产量	破碎块度	气态产物净化时间	总分数	平均分数
A1B1C1	3	2	2	2	1	10	11.0
	2	1	3	3	2	11	
	3	2	4	2	1	12	
A2B1C2	4	2	4	1	2	13	14.3
	5	2	3	2	3	15	
	4	1	5	2	3	15	
A2B2C1	5	2	5	1	3	16	15.7
	5	2	4	2	2	15	
	4	2	5	2	3	16	
A1B2C2	5	2	5	1	3	16	16.3
	5	2	5	2	3	17	
	5	2	5	1	3	16	

采用正交实验分析法，对实验数据进行处理，得到岩石钻孔内充水承压爆破实验结果，如表 2-4 所示。

表 2-4　　岩石钻孔内充水承压爆破实验结果

实验号＼因素	A	B	C	平均分数
1	1	1	1	11.0
2	1	2	2	16.3
3	2	1	2	14.3
4	2	2	1	15.7
Ⅰ	27.3	25.3	26.7	
Ⅱ	30.0	32.0	30.6	
极差	2.7	6.7	3.9	

由表 2-4 可知，岩石钻孔内充水承压爆破实验效果指标对 B 水平变动的敏感性较强，即孔内水介质承压大小对岩石破裂效应具有显著影响；C 水平变动作为次级敏感因素，说明孔内药管的存在虽然对炸药爆炸能量具有良好的聚能效果，但对于多自由面条件下的岩石破裂却并不显著，而无药管存在时的炸药爆轰能在周围介质中均匀传播，更加有利于岩石的充分破裂；相对而言，A 水平的变动对岩石爆破指标的影响相对较小，因此钻孔内装药量大小并不是钻孔内充水承压爆破成效的主要因素。可见，该情况下的最佳实验匹配条件应为 B2C2A2（值得指出的是，由于炸药进水失效的原因，该处 A2 代表的药量仅为雷管炸药当量），即采用 3 MPa 的承压水作为传爆介质，在无药管存在条件下，选择适量炸药对水泥试块进行承压爆破实验，可取得较好的岩石破裂效果。

综上所述，岩石试块钻孔内充水承压爆破实验分析将为矿井生产技术条件下的煤岩钻孔内充水承压爆破工艺选择和技术应用指明方向，采取适当提高钻孔内装药周边介质围压的措施对于煤岩爆破预裂效果具有较好的改善。

2.3 小　结

通过对水泥试块和浅地表石灰岩块体钻孔内充水承压爆破实验的监测分析，验证了煤岩钻孔内充水承压爆破技术可以较好地实现炸药高效爆破条件下的安全静态破岩效果，为该技术的方案设计和现场应用提供借鉴与指导。研究得到以下具体结论：

(1) 采用正交实验原理对水泥试块钻孔内充水承压爆破影响因素进行了全面分析，最终确定了该实验条件下的正交因素与水平。自主研发的爆破试块制作及装药封孔专用装备，为水泥试块的正交组合实验提供了条件。

(2) 水泥试块钻孔内普通装药爆破实验指出，空气介质存在条件下的普通装药爆破具有显著的动态响应，该条件下的爆破过程带有明显的火光和声响，伴随着大量白色粉尘产物，在试块表面还存在大量抛掷飞石。

(3) 煤岩钻孔内承压水的均匀传载使得钻孔围岩承压爆破呈现优良的静载破岩特征，且由于承压水的湿润、降温以及稀释作用，整个岩石爆破过程基本没有火光与粉尘等有害物质产生。既达到了高效能炸药爆轰作用下的安全静态破岩目的，又实现了爆炸超动载与承压水静载作用的统一。

(4) 地表石灰岩块体的水平和垂直定向爆破实验表明，岩石内导向孔的存在以及药孔内割缝管定向技术的应用可以显著提高煤岩定向预裂水平，取得良好的煤岩定向爆破效果。

(5) 煤岩爆破实验的定量优化研究表明，煤岩钻孔内充水承压爆破效果对孔内水介质承压大小较为敏感，孔内装药量大小并不是煤岩最终爆破成效的主控因素，通过适当提高钻孔内水介质压力对于煤岩爆破效果的改善较为有利。

3 钻孔内充水承压爆破力学原理

钻孔中炸药爆炸瞬间，爆轰波首先在装药周边介质中激起高强度的冲击波，对周围介质的运动及形态产生剧烈扰动与破坏；随后，处于原来炸药占据体积内的高温高压爆轰产物开始对周边介质膨胀做功，从而对装药周边介质产生进一步破坏。区别于钻孔中装药周边空气介质存在时的情况，装药周边承压介质的冲击波传导性能及受压膨胀特点终将导致钻孔围岩的破坏独具特点。因此，要弄清煤岩钻孔内充水承压爆破条件下的岩石破坏机理与成效，必须先掌握冲击波在钻孔装药周边承压介质中的先导传播以及承压介质后续的高压膨胀规律，分析钻孔中承压介质受力传载特征及其对冲击波传播的影响。

3.1 钻孔内充水承压爆破波动传载机理

以水作为装药周边空气介质的替代，对炸药爆轰在水中激起的冲击波传播规律进行研究，对指导一般装药周边承压介质内的波传播规律以及分析介质中冲击波对围岩的破坏作用机理具有重要意义。因此，这里首先采取实验观测的方法，对有限水域中的冲击波传播规律进行监测分析。

3.1.1 水介质中爆炸波的传播传载实验

水中冲击波观测实验设备相对简单，爆炸源采用带有发爆器的普通电雷管，同时采用高速相机对有限水域中的冲击波传播路径进行观测。瓶装水域内的冲击波观测实验，如图 3-1 所示。

图 3-1(a)为瓶装水域内的炸药(雷管)起初布置方式。为尽可能观测到波在有限水域中的传播路径，特将雷管置于瓶口位置附近，以增加波在有限水域中的传播距离。

图 3-1(b)为雷管爆炸瞬间在周边水介质中激起的冲击波传播现象。可以看出，瓶装水域内的雷管起爆瞬间，高温高压的爆轰产物并未立即膨胀，雷管起爆激发的水中冲击波率先冲击压缩周围水域，导致雷管附近水域中水介质密度以及折射率的变化，进而改变了光在水中的传播路径，因此高速相机能够通过捕捉具有密度差异的水介质透明度变化特征，揭示冲击波在水中的传播规律。

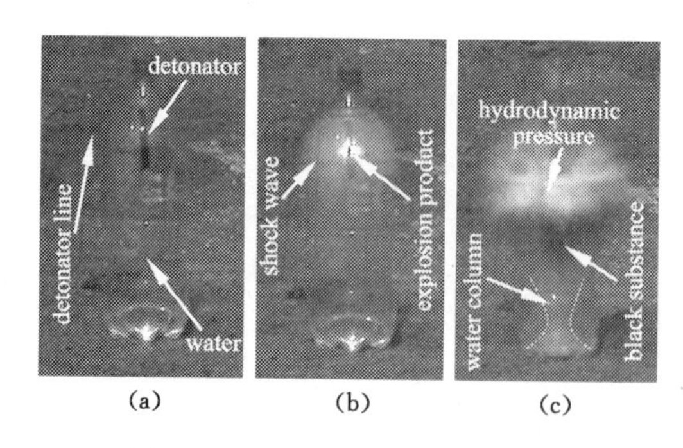

图 3-1　瓶装水域中的冲击波传播

图 3-1(c)为雷管爆轰产物的后续膨胀作用过程，其中黑色物质即为雷管爆轰膨胀体积内的气体产物。可以看出，雷管爆轰激起的初始冲击波已率先对瓶壁产生了破坏，同时由于雷管的聚能以及产物的后续膨胀压缩，导致了瓶内下方水域的密度改变，进而产生了透明度差异，形成了明显的“水柱”。

值得指出的是，瓶装有限水域内的冲击波观测实验最终仅证明了炸药爆轰在周边水介质中激起冲击波传播的事实，由于瓶装水域的空间十分有限，对于装药周边水介质内的冲击波传播路径及衰减规律则没有给出较好的证实。因此，有必要在更为宽泛的水域内进行冲击波传播特性实验，如图 3-2 所示。

图 3-2　有限水域中雷管爆破

雷管在有限水域内起爆后，在周边水介质中激起的冲击波传播与衰减特征，如图 3-3 所示。

水介质的密度比空气大，可压缩性相对较差，因此水介质传爆过程中自身消耗的变形能较少，波强度衰减较慢，传爆性能好，水中冲击波强度将比空气中大得多；由于水中声速比空气中大得多，进而导致相同爆炸能量对同一目标位置作用时，水中冲击波作用时间明显较短，但由于水介质密度高、惯性大，爆轰产物在水介质中的膨胀过程比空气中慢得多，产物后续膨胀作用时间明显增加，从而较

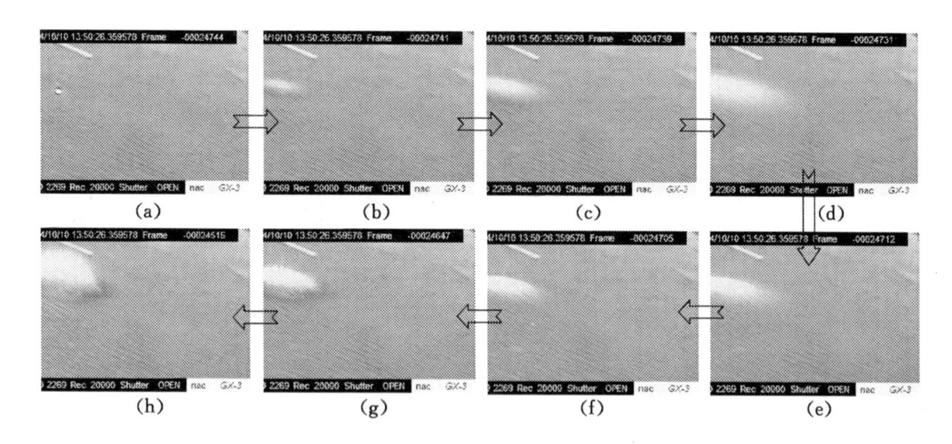

图 3-3 有限水域中的冲击波传播

好地提高了钻孔围岩后续增裂效果。尽管钻孔内水介质中的爆破与空气介质中存在一定相似之处，但由于介质特性的差异，水介质中爆破破岩过程将有其专有特性。

通过采用高速相机对有限水域中的冲击波传播规律进行观测分析，主要得出以下主要结论：

(1) 有限水域中的炸药起爆瞬间，炸药爆轰波将在其周边水介质中形成高强度的初始冲击波。初始冲击波向周围水域传播的过程中，由于波阵面的不断扩大，波阵面上单位面积能量密度逐渐减小，加之水介质质点间的相对运动摩擦以及水域中气泡的能耗，都将导致高强度的初始冲击波压力随着波传播距离的增加而逐渐降低。

(2) 随着水介质中初始冲击波传播距离的增加，冲击波对距起爆中心不同距离处的水介质压缩程度有所不同，进而导致有限水域中不同位置的水介质密度存在一定差异，且随着初始冲击波能量的损失，有限水域中远区水介质的密度将不再发生改变。因此，当初始冲击波经过有限水域时，自然光透过具有密度差异的有限水域，导致了水介质不同透明度的产生。

(3) 有限水域中炸药起爆瞬间产生的初始冲击波压力及能量相对较高，在有限水域中的传播距离与影响范围相对较广，如图 3-3(d)所示。随着炸药爆轰产物的体积膨胀，产物区内压力有所降低。因此，当爆轰产物后续膨胀作用于周围水介质上时，所激起的水中冲击波强度将逐渐降低，而低强度的冲击波在有限水域中的传播距离及其影响范围都将有所减小。

(4) 炸药球形爆炸在水中产生的初始冲击波压力约在装药半径 10 倍的距离内衰减为初始强度的 1%。可见，水中冲击波传播一定距离后，高强度冲击波将逐渐衰减为应力波，此时波传播速度接近水介质中声速。因此，对于图3-3(g)与图3-3(h)两阶段水中波的传播现象可采用声学近似理论进行分析。本书研究内容主要对钻孔狭小区域内承压介质中高强度冲击波的传播规律与破岩机理展开分析，对于有限水域中的应力波传播与衰减问题这里不做深入探讨。

钻孔中炸药起爆后，爆轰波传播至其与装药周边承压介质的分界面时，将在承压介质中激起高强度的冲击波。由于钻孔中承压介质层厚度相对较小，高强度冲击波穿过承压介质全层厚度时，冲击波仍将保持一定的强度继续作用于钻孔壁面，进而对壁面近区围岩进行加载破坏。但是，随着冲击波在承压介质中传播过程的进行，围岩介质中的冲击波阵面将不断扩大，进而引起单位面积上的冲击波能量密度逐渐减小，同时考虑到承压介质以及围岩内介质质点间的相对运动引起的内摩擦能耗也在不断增加，最终都将导致承压介质与围岩中的冲击波强度有所衰减，其波速也不断降低，直至在距装药中心一定距离处，冲击波开始演变为应力波，而应力波在围岩中继续传播并逐步衰减为地震波。钻孔爆破条件下，波在围岩中的传播与衰减特征，如图 3-4 所示。

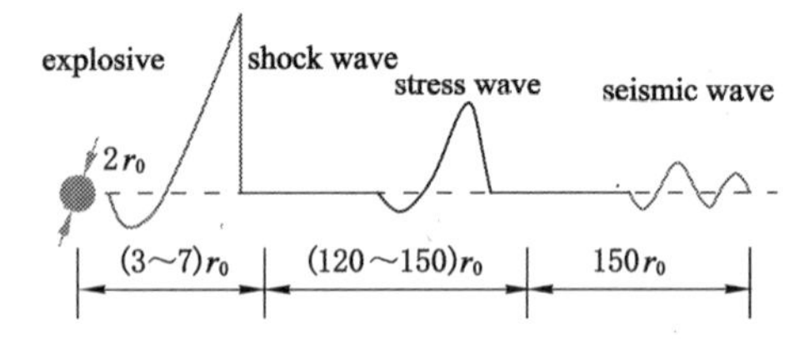

图 3-4　岩石中波的传播与演变

一般情况下，地震波距离装药中心相对较远，且波本身所携带能量又相对较小，对钻孔围岩的破坏基本不起作用，因此在对煤岩钻孔内充水承压爆破机理进行分析时，将不再考虑爆破岩石中地震波作用的影响。由于钻孔围岩中的冲击波与应力波所携能量、应力幅值以及加载率分别有所不同，两种波在介质与围岩体内的传播过程中将分别具有不同的衰减速率与作用影响范围，遵循着相同的衰减规律，且不同波状态下的衰减指数有所差异。

3.1.2　钻孔中炸药爆轰波传播传载模型

钻孔中炸药爆炸产生的高速爆轰波将沿钻孔装药轴向匀速传播，由于炸药爆轰波通常呈球面形状，对装药周边介质的碰撞也不是正冲击。此时，钻孔内炸药引发的爆轰波将斜射进入装药周边介质，激起高强度的冲击波在介质中继续传播，但不管是炸药爆轰波还是装药周边介质中激起的冲击波，都属于高强度波范畴。因此，这里有必要对高强度波在炸药与周边介质中的传播规律进行分析，为高强度波的破岩机理提供计算依据。

炸药爆炸是一种伴随有高强度化学反应的动力过程，考虑炸药爆轰过程中的化学动力影响，炸药爆轰 ZND 模型一直倍受众多学者的青睐。该模型将炸药爆轰波面视为具有一定厚度的由前沿冲击波面与紧随其后的化学反应区域构成，并以相同速度传播。钻孔炸药在前沿冲击波作用下率先达到高压状态，激发化学反应过程，并进一步为前沿冲击波的稳定高速传播提供能量支持。钻孔炸药爆轰传播的 ZND 模型，如图 3-5 所示。

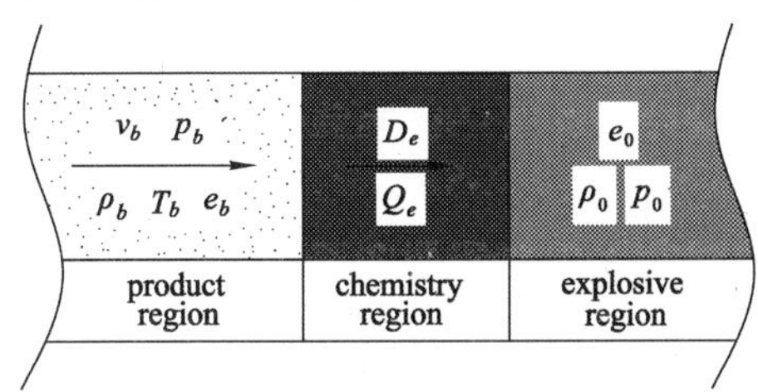

图 3-5 炸药爆轰传播的 ZND 模型

将坐标系建立在爆轰波阵面上，根据爆轰波前后物质守恒原则，建立炸药与爆轰产物间的质量守恒方程为：

$$\rho_0 D_e = \rho_b (D_e - v_b) \tag{3-1}$$

式中，ρ_0为炸药初始状态密度；ρ_b为爆轰产物密度；D_e为爆轰波传播速度；v_b为爆轰产物质点速度。

爆轰波阵面前后物质动量守恒方程：

$$p_b - p_0 = \rho_0 D_e v_b \tag{3-2}$$

式中，p_0为初始压力；p_b为爆轰产物压力。

炸药与爆轰产物间的能量守恒方程：

$$e_b - e_0 = \frac{p_b v_b}{\rho_0 D_e} + \frac{1}{2} v_b^2 + Q_e \tag{3-3}$$

式中，e_b为单位质量炸药爆轰产物内能；e_0为单位质量炸药初始内能；Q_e为单位质量炸药释放的化学能。

将式(3-1)至式(3-3)作相应变化，分别计算得到爆轰产物质点速度为：

$$v_b = \sqrt{(p_b - p_0)(\tau_0 - \tau_b)} \tag{3-4}$$

式中，τ_0与τ_b分别为炸药与爆轰产物比容，其表达式分别为$\tau_0 = 1/\rho_0$与$\tau_b = 1/\rho_b$。

炸药爆轰波传播过程中应满足的 Rayleigh 方程：

$$D_e = \tau_0 \sqrt{\frac{p_b - p_0}{\tau_0 - \tau_b}} \tag{3-5}$$

爆轰波传播过程中应遵循的 Hugoniot 方程：

$$e_b - e_0 = \frac{1}{2}(p_b + p_0)(\tau_0 - \tau_b) + Q_e \tag{3-6}$$

已知炸药爆轰产物终点状态可由爆轰波 Rayleigh 直线与 Hugoniot 状态曲线切点压力与比容(或密度)参数确定,由此得到炸药爆轰波稳定传播条件为:

$$\frac{p_b - p_0}{\tau_0 - \tau_b} = -\left.\frac{\partial p}{\partial \tau}\right|_S \text{或} D_e = v_b + c_b \tag{3-7}$$

式中,c_b为爆轰产物声速;S 为爆轰产物熵值;p_S与τ_S分别为一定熵值条件下的产物压力及比容。

在给定炸药初始状态条件下,根据上述方程尚不能完全确定炸药爆炸后的爆轰产物最终状态参量。因此,有必要补充凝聚炸药状态方程,从而建立完善的产物状态参数方程闭合求解体系。由于凝聚炸药爆轰瞬间产物密度相对较高,这里仅采用考虑分子间排斥作用时的凝聚体炸药爆轰产物状态方程:

$$e_b = \frac{p_b \tau_b}{k - 1} \tag{3-8}$$

式中,k 为爆轰产物绝热指数,凝聚体炸药一般取值为 3。

炸药爆轰瞬间能量骤然释放,产生高温高压爆轰气体产物。在产物压力远高于尚未反应的炸药固体中初始压力条件下,即 $p_b \gg p_0$时,可以忽略爆轰波阵面前方凝聚炸药中初始压力 p_0以及内能 e_0的影响。

由此,最终确定凝聚炸药爆轰产物密度:

$$\rho_b = \frac{k + 1}{k}\rho_0 \tag{3-9}$$

凝聚炸药爆轰波传播速度:

$$D_e = \sqrt{2(k^2 - 1)Q_e} \tag{3-10}$$

爆轰波稳定传播终态点爆轰压力:

$$p_b = \frac{1}{k + 1}\rho_0 D_e^2 \tag{3-11}$$

爆轰终态点产物质点速度及产物声速:

$$v_b = \frac{1}{k + 1}D_e, c_b = \frac{k}{k + 1}D_e \tag{3-12}$$

煤矿井下煤岩钻孔承压爆破过程中,以凝聚体炸药装药密度为 1 600 kg/m^3,爆轰波在炸药中传播速度为 7 500 m/s,炸药爆轰热为 5 MJ/kg 为例,联立式(3-9)至式(3-12)计算得到炸药爆轰终态点压力可达 22.5 GPa,此时爆轰产物质点速度为 1 875 m/s,产物声速为 1 200 m/s。

3.1.3 装药周边介质波动传载模型

钻孔装药一端采用雷管引爆时,产生的屈曲爆轰波阵面与装药周边介质界面间的夹角即为炸药爆轰波入射角度。由于装药表面近区波头曲面曲率半径相对较小(如图 3-6 所示),入射波斜射撞击装药周边介质分界面可近似视为爆轰波正入射介质情况对待。

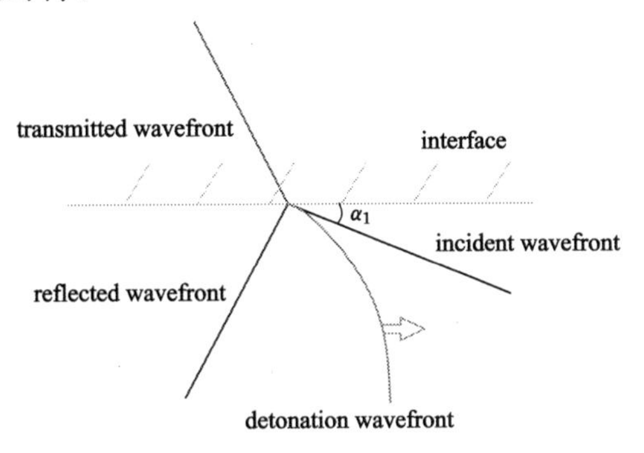

图 3-6　爆轰波斜射入装药周边介质

钻孔中炸药爆炸产生的爆轰波经由炸药本身(Ⅰ介质)斜射进入装药周边介质(Ⅱ介质),在介质Ⅱ中激起透射冲击波。与此同时,爆轰波还将在炸药与周边介质分界面上产生透反射现象。其中,反射纵波 w_2、反射横波 w_3 以及透射纵波 w_4、透射横波 w_5,均与入射纵波 w_1 在同一入射平面内,如图 3-7 所示。

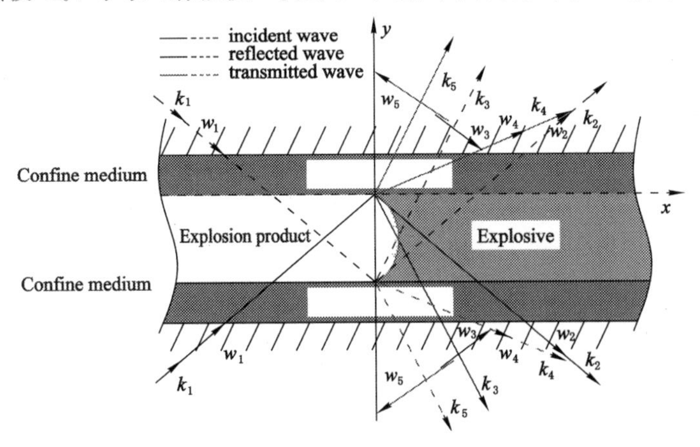

图 3-7　爆轰波在介质分界面上的透反射

为便于表述,采用波的位移形式抽象描述波在传播过程中的形态。当钻孔炸药爆炸后,爆轰波在与装药周边介质的分界面上产生的透反射波具体位移形式可分别表示为:

$$\begin{cases} w_1 = A_1\exp[i(k_1 x\sin\alpha_1 + k_1 y\sin\alpha_1 - \omega_1 t)] = A_1\exp[i(k_1\boldsymbol{r} - \omega_1 t)] \\ w_2 = A_2\exp[i(k_2 x\sin\alpha_2 - k_2 y\sin\alpha_2 - \omega_2 t)] = A_2\exp[i(k_2\boldsymbol{r} - \omega_2 t)] \\ w_3 = A_3\exp[i(k_3 x\sin\alpha_3 - k_3 y\sin\alpha_3 - \omega_3 t)] = A_3\exp[i(k_3\boldsymbol{r} - \omega_3 t)] \\ w_4 = A_4\exp[i(k_4 x\sin\alpha_4 + k_4 y\sin\alpha_4 - \omega_4 t)] = A_4\exp[i(k_4\boldsymbol{r} - \omega_4 t)] \\ w_5 = A_5\exp[i(k_5 x\sin\alpha_5 + k_5 y\sin\alpha_5 - \omega_5 t)] = A_5\exp[i(k_5\boldsymbol{r} - \omega_5 t)] \end{cases} \tag{3-13}$$

式中，$w_1 \sim w_5$ 为诸波位移量；$A_1 \sim A_5$ 为诸波位移波幅；$\alpha_1 \sim \alpha_5$ 分别为诸波入射、反射以及透射角度；$k_1 \sim k_5$ 为诸波的波数；$\omega_1 \sim \omega_5$ 为诸波角频率；x、y 为直角坐标系下的横、纵坐标；$\boldsymbol{r}$ 为极坐标系下的径向半径矢量。

已知应力波理论中，波数、角频率以及波速间存在以下关系：

$$\begin{cases} \omega_1 = k_1 c_{\mathrm{I}v} \\ \omega_2 = k_2 c_{\mathrm{I}v} \\ \omega_3 = k_3 c_{\mathrm{I}s} \\ \omega_4 = k_4 c_{\mathrm{II}v} \\ \omega_5 = k_5 c_{\mathrm{II}s} \end{cases} \tag{3-14}$$

式中，$c_{\mathrm{I}v}$、$c_{\mathrm{I}s}$分别为炸药产物Ⅰ中的纵波与横波声速；$c_{\mathrm{II}v}$、$c_{\mathrm{II}s}$分别为装药周边介质Ⅱ中的纵波与横波声速。

当炸药爆轰波传播至与装药周边介质的分界面时，爆轰波将在界面上发生复杂的透反射现象，此时两介质分界面上的入射波、反射波以及透射波位移分别沿界面坐标方向产生叠加，得到两坐标方向上的波位移叠加量分别为：

$$\begin{cases} w_{x\mathrm{I}} = w_1\sin\alpha_1 + w_2\sin\alpha_2 + w_3\cos\alpha_3 \\ w_{y\mathrm{I}} = w_1\cos\alpha_1 - w_2\cos\alpha_2 + w_3\sin\alpha_3 \\ w_{x\mathrm{II}} = w_4\sin\alpha_4 - w_5\cos\alpha_5 \\ w_{y\mathrm{II}} = w_4\cos\alpha_4 + w_5\sin\alpha_5 \end{cases} \tag{3-15}$$

式中，$w_{x\mathrm{I}}$、$w_{y\mathrm{I}}$ 为波在炸药产物 Ⅰ 中沿两坐标方向的位移叠加量；$w_{x\mathrm{II}}$、$w_{y\mathrm{II}}$ 为装药周边介质 Ⅱ 中波沿两坐标方向的位移叠加量。

爆轰波在分界面上的透反射过程中，炸药与周边介质界面保持连续。因此，根据两介质界面($y=0$)上的应力与位移连续条件，可知：

$$\begin{cases} \lambda_{\mathrm{I}}\dfrac{\partial w_{x\mathrm{I}}}{\partial x} + (\lambda_{\mathrm{I}} + 2\mu_{\mathrm{I}})\dfrac{\partial w_{y\mathrm{I}}}{\partial y} = \lambda_{\mathrm{II}}\dfrac{\partial w_{x\mathrm{II}}}{\partial x} + (\lambda_{\mathrm{II}} + 2\mu_{\mathrm{II}})\dfrac{\partial w_{y\mathrm{II}}}{\partial y} \\ w_{x\mathrm{I}} = w_{x\mathrm{II}},\ w_{y\mathrm{I}} = w_{y\mathrm{II}} \\ \mu_{\mathrm{I}}\left(\dfrac{\partial w_{x\mathrm{I}}}{\partial y} + \dfrac{\partial w_{y\mathrm{I}}}{\partial x}\right) = \mu_{\mathrm{II}}\left(\dfrac{\partial w_{x\mathrm{II}}}{\partial y} + \dfrac{\partial w_{y\mathrm{II}}}{\partial x}\right) \end{cases} \tag{3-16}$$

式中，λ_{I}、μ_{I} 分别为炸药产物Ⅰ中的拉梅常数；λ_{II}、μ_{II} 分别为装药周边介质Ⅱ中

的拉梅常数。

联立爆轰波在炸药与周边介质界面两坐标方向上的位移表达式(3-15)以及两介质界面应力、位移连续条件式(3-16),同时考虑到爆轰波在炸药与周边介质界面上任意 x 位置与时刻 t 时的界面连续条件始终成立,由此计算得到爆轰波在两介质界面上的传播角度、波数、角频率以及波速间关系应满足:

$$\begin{cases} k_1\sin\alpha_1 = k_2\sin\alpha_2 = k_3\sin\alpha_3 = k_4\sin\alpha_4 = k_5\sin\alpha_5 \\ \dfrac{\sin\alpha_1}{c_{\mathrm{I}v}} = \dfrac{\sin\alpha_2}{c_{\mathrm{I}v}} = \dfrac{\sin\alpha_3}{c_{\mathrm{I}s}} = \dfrac{\sin\alpha_4}{c_{\mathrm{II}v}} = \dfrac{\sin\alpha_5}{c_{\mathrm{II}s}} \\ k_1c_{\mathrm{I}v} = k_2c_{\mathrm{I}v} = k_3c_{\mathrm{I}s} = k_4c_{\mathrm{II}v} = k_5c_{\mathrm{II}s} \\ \omega_1 = \omega_2 = \omega_3 = \omega_4 = \omega_5 \end{cases} \tag{3-17}$$

式(3-17)表明,爆轰波斜入射到炸药与周边介质界面时,产生的入射波角度始终等于反射波角度;由于介质中纵波速度一般要高于其横波传播速度,因此炸药产物内的反射横波角度要小于爆轰波入射角;对于装药周边介质内的透射波传播情况,则主要取决于界面两侧介质性质。

根据式(3-17)中的第二表达式可以看出,当波在装药周边介质内的传播速度高于在炸药中的传播速度时($c_{\mathrm{II}v}>c_{\mathrm{I}v}$、$c_{\mathrm{II}s}>c_{\mathrm{I}v}$),在大的入射角度条件下,可能出现 $\sin\alpha_4$ 与 $\sin\alpha_5$ 大于 1 的情况,从数学角度上这是不可能的。因此,对于装药周边介质中的透射波存在相应的临界入射角度。受炸药与周边介质材料的影响,装药周边介质中透射纵波与横波的临界入射角分别为:

$$\begin{cases} \alpha_{1,4} = \arcsin\dfrac{c_{\mathrm{I}v}}{c_{\mathrm{II}v}} \\ \alpha_{1,5} = \arcsin\dfrac{c_{\mathrm{I}v}}{c_{\mathrm{II}s}} \end{cases} \tag{3-18}$$

式中,$\alpha_{1,4}$ 与 $\alpha_{1,5}$ 分别为装药周边介质中透射纵波与横波的临界入射角。

当 $\alpha_1 > \alpha_{1,4}$ 时,炸药爆轰波在界面上不产生透射纵波;当 $\alpha_1 > \alpha_{1,5}$ 时,界面上同样将不产生透射横波。

将式(3-17)中所示的与爆轰波传播相关的诸多参数关系代入炸药与周边介质界面上的应力与位移连续条件,由此计算得到介质分界面上诸波位移波幅间的关系为:

$$\frac{1}{A_1}\begin{bmatrix} a_{11} & a_{12} & a_{13} & a_{14} \\ a_{21} & a_{22} & a_{23} & a_{24} \\ a_{31} & a_{32} & a_{33} & a_{34} \\ a_{41} & a_{42} & a_{43} & a_{44} \end{bmatrix}\begin{bmatrix} A_2 \\ A_3 \\ A_4 \\ A_5 \end{bmatrix} = \begin{bmatrix} B_1 \\ B_2 \\ B_3 \\ B_4 \end{bmatrix} \tag{3-19}$$

其中,相关参量表达形式分别为:

$$a_{11}=\cos\alpha_1, a_{12}=-\sin\alpha_3, a_{13}=\cos\alpha_4,$$
$$a_{14}=\sin\alpha_5, B_1=\cos\alpha_1, B_2=-\sin\alpha_1,$$
$$a_{21}=\sin\alpha_1, a_{22}=\cos\alpha_3, a_{23}=-\sin\alpha_4,$$
$$a_{24}=\cos\alpha_5, B_3=-\cos 2\alpha_3, B_4=\sin 2\alpha_1,$$
$$a_{31}=\cos 2\alpha_3, a_{32}=-\frac{c_{\mathrm{I}s}}{c_{\mathrm{I}v}}\sin 2\alpha_3,$$
$$a_{33}=-\frac{\rho_{\mathrm{II}}c_{\mathrm{II}v}}{\rho_{\mathrm{I}}c_{\mathrm{I}v}}\cos 2\alpha_5, a_{34}=-\frac{\rho_{\mathrm{II}}c_{\mathrm{II}s}}{\rho_{\mathrm{I}}c_{\mathrm{I}v}}\sin 2\alpha_5,$$
$$a_{41}=\sin 2\alpha_1, a_{42}=\frac{c_{\mathrm{I}v}}{c_{\mathrm{I}s}}\cos 2\alpha_3,$$
$$a_{43}=\frac{\rho_{\mathrm{II}}c_{\mathrm{I}v}c_{\mathrm{II}s}^2}{\rho_{\mathrm{I}}c_{\mathrm{II}v}c_{\mathrm{I}s}^2}\sin 2\alpha_4, a_{44}=-\frac{\rho_{\mathrm{II}}c_{\mathrm{I}v}c_{\mathrm{II}s}}{\rho_{\mathrm{I}}c_{\mathrm{I}s}^2}\cos 2\alpha_5$$

式中,a_{ij}为矩阵行列元素,$i,j=1,\ 2,\ 3,\ 4$;B_i为角度参量。

根据式(3-19)可计算得到炸药与周边介质分界面两侧透反射波与入射波幅值间的关系。前面分析指出,钻孔内炸药爆轰条件下,爆轰曲面波在装药周边介质分界面上的入射角度相对较小,此时爆轰波对炸药与周边介质分界面的入射可近似视为垂直正冲击。因此,在炸药爆轰波入射角度为零($\alpha_1=0$)的特殊情况下,由式(3-17)可知,炸药与周边介质分界面两侧波的传播角度均变为了零值,即$\alpha_2=\alpha_3=\alpha_4=\alpha_5=0$。代入分界面两侧诸波位移幅值间的关系式(3-19),由此得到爆轰波垂直入射条件下的波幅关系满足:

$$\frac{1}{A_1}\begin{bmatrix}1 & 0 & 1 & 0\\ 0 & 1 & 0 & 1\\ 1 & 0 & -\rho_{\mathrm{II}}c_{\mathrm{II}v}/(\rho_{\mathrm{I}}c_{\mathrm{I}v}) & 0\\ 0 & c_{\mathrm{I}v}/c_{\mathrm{I}s} & 0 & -\rho_{\mathrm{II}}c_{\mathrm{I}v}c_{\mathrm{II}s}/(\rho_{\mathrm{I}}c_{\mathrm{I}s}^2)\end{bmatrix}\begin{bmatrix}A_2\\ A_3\\ A_4\\ A_5\end{bmatrix}=\begin{bmatrix}1\\ 0\\ -1\\ 0\end{bmatrix} \tag{3-20}$$

从而解得炸药与周边介质分界面两侧透反射波与爆轰入射波幅值间的关系分别为:

$$\frac{A_2}{A_1}=\frac{\rho_{\mathrm{II}}c_{\mathrm{II}v}-\rho_{\mathrm{I}}c_{\mathrm{I}v}}{\rho_{\mathrm{II}}c_{\mathrm{II}v}+\rho_{\mathrm{I}}c_{\mathrm{I}v}}, \frac{A_3}{A_1}=0, \frac{A_4}{A_1}=\frac{2\rho_{\mathrm{I}}c_{\mathrm{I}v}}{\rho_{\mathrm{II}}c_{\mathrm{II}v}+\rho_{\mathrm{I}}c_{\mathrm{I}v}}, \frac{A_5}{A_1}=0 \tag{3-21}$$

由此可见,对于爆轰波垂直入射介质分界面的情况,当爆轰波经过炸药与周边介质的分界面时,界面两侧介质中将不再产生横波,即在炸药产物内不产生反射横波,同时也不在装药周边介质中产生透射横波。此时,炸药爆轰波携带的能量主要以反射波与透射波的形式分别对炸药产物以及装药周边介质进行做功。

爆轰波正入射炸药与周边介质分界面条件下,为方便对界面两侧诸波应力强度进行分析,根据式(3-13)中波位移矢量表达式,将界面两侧介质中的波强度矢量分别表示为:

$$\begin{cases}\boldsymbol{\sigma}_1=(\lambda_{\mathrm{I}}+2\mu_{\mathrm{I}})\dfrac{\partial w_1}{\partial \boldsymbol{r}}=(\lambda_{\mathrm{I}}+2\mu_{\mathrm{I}})A_1ik_1\exp[i(k_1\boldsymbol{r}-\omega_1t)]\\ \boldsymbol{\sigma}_2=(\lambda_{\mathrm{I}}+2\mu_{\mathrm{I}})\dfrac{\partial w_2}{\partial \boldsymbol{r}}=(\lambda_{\mathrm{I}}+2\mu_{\mathrm{I}})A_2ik_2\exp[i(k_2\boldsymbol{r}-\omega_2t)]\\ \boldsymbol{\sigma}_4=(\lambda_{\mathrm{II}}+2\mu_{\mathrm{II}})\dfrac{\partial w_4}{\partial \boldsymbol{r}}=(\lambda_{\mathrm{II}}+2\mu_{\mathrm{II}})A_4ik_4\exp[i(k_4\boldsymbol{r}-\omega_4t)]\end{cases} \tag{3-22}$$

式中，$\boldsymbol{\sigma}_1$、$\boldsymbol{\sigma}_2$ 以及 $\boldsymbol{\sigma}_4$ 分别为炸药与周边介质分界面两侧波的强度矢量。

当采用 σ_1、σ_2 以及 σ_4 分别表示炸药与周边介质分界面两侧波强度矢量的应力幅值时，将式(3-17)中所示诸波参数关系代入式(3-22)中，求解得到分界面两侧波的反射与透射系数分别为：

$$\begin{cases}\dfrac{\sigma_2}{\sigma_1}=\left|(\lambda_{\mathrm{I}}+2\mu_{\mathrm{I}})\dfrac{\partial w_2}{\partial \boldsymbol{r}}\right|\Big/\left|(\lambda_{\mathrm{I}}+2\mu_{\mathrm{I}})\dfrac{\partial w_1}{\partial \boldsymbol{r}}\right|=\dfrac{A_2}{A_1}\\ \dfrac{\sigma_4}{\sigma_1}=\left|(\lambda_{\mathrm{II}}+2\mu_{\mathrm{II}})\dfrac{\partial w_4}{\partial \boldsymbol{r}}\right|\Big/\left|(\lambda_{\mathrm{I}}+2\mu_{\mathrm{I}})\dfrac{\partial w_1}{\partial \boldsymbol{r}}\right|=\dfrac{(\lambda_{\mathrm{II}}+2\mu_{\mathrm{II}})A_4k_4}{(\lambda_{\mathrm{I}}+2\mu_{\mathrm{I}})A_1k_1}\end{cases} \tag{3-23}$$

由于在弹性应力波理论中，介质内的纵波波速表达式可表述为：

$$\begin{cases}c_{\mathrm{I}v}=\sqrt{(\lambda_{\mathrm{I}}+2\mu_{\mathrm{I}})/\rho_{\mathrm{I}}}\\ c_{\mathrm{II}v}=\sqrt{(\lambda_{\mathrm{II}}+2\mu_{\mathrm{II}})/\rho_{\mathrm{II}}}\end{cases} \tag{3-24}$$

式中，ρ_{I} 与 ρ_{II} 分别为炸药产物Ⅰ与装药周边介质Ⅱ的密度。

将式(3-17)与式(3-24)分别代入式(3-23)，计算得到爆轰波正入射条件下，分界面两侧波的反射与透射系数分别为：

$$\begin{cases}\dfrac{\sigma_2}{\sigma_1}=\dfrac{A_2}{A_1}\\ \dfrac{\sigma_4}{\sigma_1}=\dfrac{\rho_{\mathrm{II}}c_{\mathrm{II}v}}{\rho_{\mathrm{I}}c_{\mathrm{I}v}}\dfrac{A_4}{A_1}\end{cases} \tag{3-25}$$

联立式(3-21)与式(3-25)可知，爆轰波正入射情况下，波在界面两侧介质中的反射与透射系数分别为：

$$\begin{cases}\dfrac{\sigma_2}{\sigma_1}=\dfrac{\rho_{\mathrm{II}}c_{\mathrm{II}v}-\rho_{\mathrm{I}}c_{\mathrm{I}v}}{\rho_{\mathrm{II}}c_{\mathrm{II}v}+\rho_{\mathrm{I}}c_{\mathrm{I}v}}\\ \dfrac{\sigma_4}{\sigma_1}=\dfrac{2\rho_{\mathrm{II}}c_{\mathrm{II}v}}{\rho_{\mathrm{II}}c_{\mathrm{II}v}+\rho_{\mathrm{I}}c_{\mathrm{I}v}}\end{cases} \tag{3-26}$$

爆轰波正入射炸药与周边介质分界面条件下，由界面两侧介质中波的反射与透射系数关系式(3-26)可知，对于界面两侧介质波阻抗不同条件下的爆轰波传播特点主要表现在以下几方面：

(1) 当装药周边介质Ⅱ的波阻抗较小($\rho_{\mathrm{I}}c_{\mathrm{I}v}>\rho_{\mathrm{II}}c_{\mathrm{II}v}$)时，爆轰波正入射

条件下的炸药产物Ⅰ中波反射系数为负，而介质Ⅱ中的波透射系数小于1。即，压缩波经过两介质分界面时，将部分透射进入介质Ⅱ中，强度有所降低，其余部分将在界面位置处发生反射，以拉伸波的形式进入介质Ⅰ中；相反，拉伸波同样经界面部分透射进入介质Ⅱ中，强度有所衰减，而其余部分则以压缩波的形式进入介质Ⅰ中。此时，装药周边介质中的透射波较爆轰入射波强度有所减弱。

(2) 在装药周边介质Ⅱ的波阻抗近似为零($\rho_{\mathrm{II}} c_{\mathrm{II}v} \approx 0$)的条件下，正入射爆轰波在两介质分界面上的波反射系数为－1，而波透射系数为零。该情况下，压缩波在两介质分界面上将被完全反射为拉伸波，而拉伸波在界面位置上被完全反射为压缩波。此时，装药周边介质中的透射波强度为零，爆轰入射波所携能量完全作用于炸药产物Ⅰ内。

(3) 当两介质波阻抗较为匹配($\rho_{\mathrm{I}} c_{\mathrm{I}v} = \rho_{\mathrm{II}} c_{\mathrm{II}v}$)时，爆轰波正入射条件下的炸药产物Ⅰ中波反射系数为零，而装药周边介质Ⅱ中的波透射系数达到1。由此说明，当爆轰波正入射通过波阻抗匹配的两介质时，在两介质的分界面上将不产生波的反射现象，此时爆轰波经过两介质分界面完全透射进入介质Ⅱ中，且爆轰波应力强度保持不变。

(4) 在装药周边介质Ⅱ的波阻抗较大($\rho_{\mathrm{I}} c_{\mathrm{I}v} < \rho_{\mathrm{II}} c_{\mathrm{II}v}$)情况下，正入射爆轰波在两介质分界面上的反射系数为正，且进入炸药介质Ⅱ中的波透射系数大于1。说明该条件下的爆轰波经过两介质分界面时，透射进入装药周边介质Ⅱ中的波强度有所增加，而剩余部分将在分界面位置发生反射，并以同种波形式反射进入炸药产物Ⅰ中。对式(3-26)所示的波透射系数关系进行极限分析可知，爆轰波经过两介质界面透射进入波阻抗较大介质Ⅱ中的最大透射波强度不会超过入射波强度的两倍。

通过对炸药与周边介质分界面两侧介质波阻抗不同条件下的正入射爆轰波传播特征分析可知，适当提高装药周边介质的波阻抗，可明显增加炸药爆轰波对周边介质的作用强度，提高正入射爆轰波在装药周边介质内激起的冲击波破坏能力，这也正是承压爆破技术理论基础之所在。

值得指出的是，对于钻孔内爆轰波近似正入射炸药与周边介质分界面时的情况，从式(3-26)所示的爆轰波在界面位置上的透反射系数间关系可以看出，不管分界面两侧介质的波阻抗大小如何，爆轰波经过界面位置时的透反射系数之和始终保持为1，从而说明钻孔内炸药爆轰波强度始终由界面两侧介质内的透反射波强度所分摊。由于爆炸作用下的岩石破坏过程是钻孔中炸药爆轰激起的岩石冲击波与爆轰产物后续膨胀对围岩做功过程的共同结果，因此在煤岩承压式爆破控制技术中，仅通过采取过度增加装药周边承压介质波阻抗的方法来提高钻孔围岩中的冲击波破岩能力显然是不可行的。欲达到最好的炸药爆破破岩效果，理应综合考虑炸药爆轰产物在炮孔空腔内的后续膨胀做功能力。

3.2　钻孔内充水承压爆破产物膨胀规律

前述分析结果表明，除采取适当提高钻孔内装药周边介质的波阻抗以增强冲击波破岩能力的措施外，更重要的是实现钻孔中装药周边承压介质参数与爆轰产物后续膨胀作用间的合理匹配，以达到最佳的煤岩承压式爆破控制效果。因此，有必要对钻孔内炸药爆轰产物的后续膨胀规律以及产物状态参量间的关系进行分析。

3.2.1　钻孔内爆轰产物的等熵膨胀

钻孔内炸药爆轰的瞬间，爆轰产物处于原炸药所占据的体积内。随着炸药爆轰作用过程的进行，高温高压爆轰产物迅速向钻孔周围空间膨胀，进而又导致钻孔内爆轰产物压力与温度不断降低。考虑到钻孔内的炸药爆轰空间有限，因此高温高压下的爆轰产物运动可近似视为等熵膨胀过程。钻孔柱状装药爆轰条件下，爆轰产物膨胀将关于炮孔中轴线对称。通过在钻孔截面上沿径向方向取微曲段，分析钻孔内爆轰产物参数在经过截面微曲段时的变化特征，如图 3-8 所示。

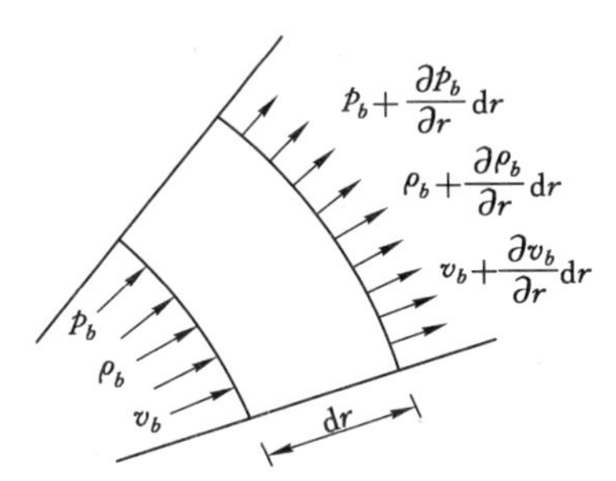

图 3-8　爆轰产物参数经过微曲段时的变化特征

根据爆轰产物流进与流出钻孔截面内微曲段时的物质守恒规律，得到微分形式下的产物质量守恒方程为：

$$-\frac{\partial(\rho_b v_b)}{\partial r}\mathrm{d}r=\frac{\partial \rho_b}{\partial t}\mathrm{d}r$$

式中，r 为极坐标半径。

将质量守恒微分式展开，整理后得到空间坐标系下的质量守恒关系：

$$\frac{\partial \rho_b}{\partial t}+v_b\frac{\partial \rho_b}{\partial r}+\rho_b\frac{\partial v_b}{\partial r}=0 \tag{3-27}$$

根据爆轰产物流经钻孔截面内微曲段时的牛顿第二运动定律，计算得到微曲段内产物动量守恒方程为：

$$-\frac{\partial p_b}{\partial r}\mathrm{d}r = \rho_b \mathrm{d}r \frac{\mathrm{d}v_b}{\mathrm{d}t}$$

将物质导数转化为空间导数求解后，计算得到爆轰产物流经微曲段时的动量守恒微分关系为：

$$\frac{1}{\rho_b}\frac{\partial p_b}{\partial r} + \frac{\partial v_b}{\partial t} + v_b \frac{\partial v_b}{\partial r} = 0 \tag{3-28}$$

同理，根据爆轰产物流经钻孔截面内微曲段时的功能守恒定律，得到微曲段内产物运动的能量守恒方程为：

$$-\frac{\partial (p_b v_b)}{\partial r}\mathrm{d}r = \rho_b \mathrm{d}r \frac{d}{\mathrm{d}t}\left(e_b + \frac{v_b^2}{2}\right)$$

同样，将能量守恒方程中的物质导数转化为空间导数求解后，得到空间坐标系中的能量守恒微分关系为：

$$\frac{\mathrm{d}e_b}{\mathrm{d}t} + v_b \frac{\mathrm{d}v_b}{\mathrm{d}t} + \frac{1}{\rho_b}\left(v_b \frac{\partial p_b}{\partial r} + p_b \frac{\partial v_b}{\partial r}\right) = 0 \tag{3-29}$$

将式(3-27)至式(3-29)联立求解，得到钻孔柱状装药条件下的炸药爆轰产物状态参量间的关系满足：

$$\mathrm{d}e_b + p_b d\tau_b = 0 \tag{3-30}$$

已知热力学理论中的能量守恒第二定律可表述为：

$$\mathrm{d}e_b + p_b \mathrm{d}V_b = T_b \mathrm{d}S_b \tag{3-31}$$

式中，T_b为爆轰产物温度；S_b为爆轰产物状态熵值。

对比炸药爆轰产物状态参量关系式(3-30)以及爆轰产物的热力学第二定律表达式(3-31)，可知钻孔内炸药爆轰产物的运动是等熵的，即 $\mathrm{d}S_\mathrm{b}=0$。

3.2.2 钻孔内爆轰产物的状态参量关系

为便于分析计算，这里采用常用的凝聚体炸药爆轰产物幂函数形式等熵膨胀方程：

$$p_b = A_b \rho_b^{k_b}, e_b = \frac{A_b}{k_b - 1}\rho_b^{k_b - 1} \tag{3-32}$$

式中，A_b与 k_b分别为与炸药性质及钻孔装药密度有关的常数。

理论分析表明，凝聚体炸药爆轰产物等熵方程中的常数 k_b与前述分析讲到的仅考虑分子间排斥作用时的同种炸药状态方程中的产物绝热指数相等，即$k_\mathrm{b}=k$。

根据爆轰产物等熵流动条件下的声速计算公式，由式(3-32)计算得到钻孔炸药爆轰产物等熵膨胀过程中的声速为：

$$c_b^2 = \frac{\mathrm{d}p_b}{\mathrm{d}\rho_b} = A_b k \rho_b^{k-1} \tag{3-33}$$

对等式(3-33)两端同时取微分,并与式(3-33)相除后,得到爆轰产物密度及声速间的关系满足:

$$\frac{2}{k-1}\frac{\mathrm{d}c_b}{c_b} = \frac{\mathrm{d}\rho_b}{\rho_b} \tag{3-34}$$

根据钻孔内炸药爆轰产物等熵膨胀过程中状态参量间的微分关系式(3-34),对产物膨胀运动中的任意两状态过程进行积分求解,得到爆轰产物状态参量间的关系为:

$$\frac{\rho_{b1}}{\rho_{b2}} = \left(\frac{c_{b1}}{c_{b2}}\right)^{\frac{2}{k-1}} \tag{3-35}$$

式中,ρ_{b1}、ρ_{b2}、c_{b1} 以及 c_{b2} 分别为爆轰产物等熵膨胀过程中任意两状态过程的密度与声速参量。

结合凝聚炸药爆轰产物的等熵方程式(3-32)以及产物等熵膨胀过程中的密度与声速关系式(3-35),得到钻孔内凝聚炸药爆轰产物不同运动状态条件下的状态参数间满足关系:

$$\frac{p_{b1}}{p_{b2}} = \left(\frac{\rho_{b1}}{\rho_{b2}}\right)^k = \left(\frac{\tau_{b2}}{\tau_{b1}}\right)^k = \left(\frac{c_{b1}}{c_{b2}}\right)^{\frac{2k}{k-1}} = \left(\frac{e_{b1}}{e_{b2}}\right)^{\frac{k}{k-1}} \tag{3-36}$$

式中,p_{b1}、p_{b2}、e_{b1}、e_{b2}、τ_{b1} 以及 τ_{b2} 分别为爆轰产物等熵膨胀过程中任意两状态过程的压力、内能以及比容参量。

由式(3-36)可以看出,随着钻孔空腔体积的增加,炸药爆轰产物压力将以幂次形式快速减小,显著降低了爆轰产物膨胀做功对围岩的破坏作用。当炸药爆轰在围岩中产生的冲击波与应力波使得钻孔爆破空腔达到一定体积后,空腔体积内爆轰产物压力等于岩石裂隙扩展临界应力强度时,钻孔围岩裂隙将最终停止扩展,钻孔空腔体积不再扩大,此时钻孔炸药爆炸破岩作用全面结束。可见,对于钻孔装药周边承压介质以及围岩中的冲击波与应力波强度既不能提高太多,否则冲击波与应力波破岩能力的增强将导致钻孔空腔体积过大,从而降低了炸药爆轰产物的后续膨胀破岩作用;也不能保持承压介质与围岩中的冲击波及应力波强度太低,否则炸药爆轰作用下的冲击波破岩导向作用不能充分发挥,钻孔围岩裂隙发展数量相对较少,即使爆轰产物的后续膨胀压力有所提高,但由于缺少多裂隙扩孔导向优势,对钻孔围岩的破坏能力也较为有限。因此,有必要对钻孔中装药周边承压介质的参数进行合理优化,以达到与炸药爆轰产物后续膨胀破岩效果间的最佳匹配。

3.3 装药周边介质的受力传载模型

要对煤岩承压爆破钻孔中装药周边承压介质参数进行合理的优化,必须先了解钻孔内承压介质对炸药爆轰波传播影响。前文采用炸药爆轰波斜射进入另一介质时的波位移形式,详细阐述了爆轰波经过介质分界面时的透反射波强度特征,得到了爆轰波正入射情况下的许多有益结果,但并未涉及对爆轰波碰撞界面前后的透反射波其他状态参量间关系的探讨。因此,这里将从分析波在介质中传播时的相互作用机理入手,探讨不同状态时的承压介质对爆轰波传播规律的影响。波在不同介质中传播时的相互作用,如图 3-9 所示。

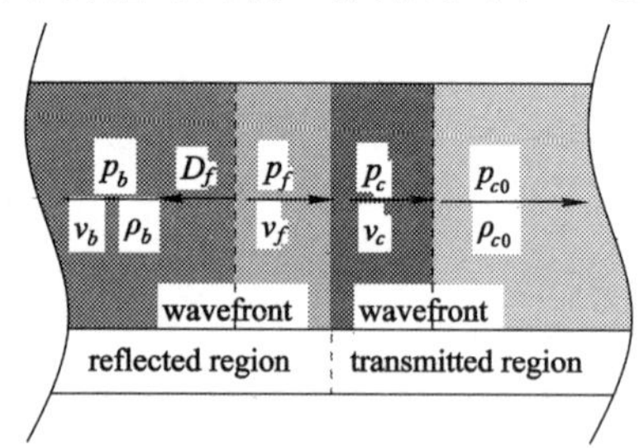

图 3-9 波在不同介质中的相互作用

3.3.1 钻孔内充水承压爆破装药周边介质属性影响

3.3.1.1 钻孔内装药周边大阻抗介质影响

炸药爆炸的冲击波理论指出,爆轰波入射到波阻抗较高的介质界面时,爆轰产物在界面位置将产生堆积,导致界面近区压力高于炸药的爆轰压力,此时将在爆轰产物中反射冲击波。装药周边大波阻抗承压介质在爆轰产物中反射冲击波情况时的波传播特性,如图 3-10 所示。

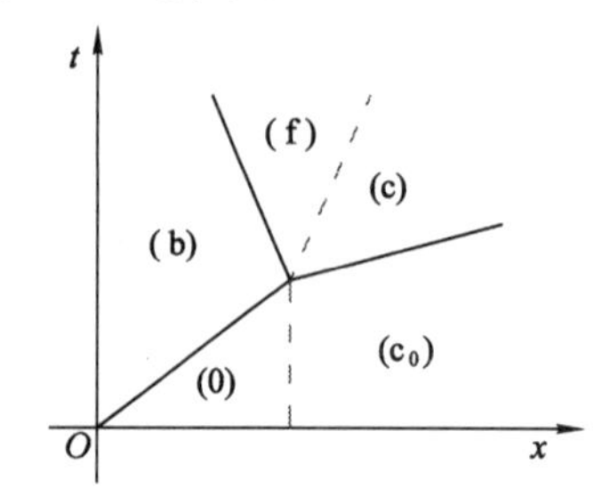

图 3-10 爆轰产物中反射冲击波

图 3-10 中,(0)为炸药未反应区;(b)为炸药爆轰产物区;(c_0)为承压介质未受扰动区;(c)为承压介质透射冲击波扰动区;(f)为反射冲击波后产物区。

(1) 装药周边承压介质反射冲击波

根据炸药爆轰产物中反射波前后的动量与质量守恒方程,计算得到炸药反射区中反射波后产物质点速度为:

$$v_f = v_b - \sqrt{(p_f - p_b)(\tau_b - \tau_f)} \tag{3-37}$$

式中,p_f、v_f与 τ_f分别为炸药反射区内反射冲击波后产物压力、质点速度以及产物比容。

当爆轰波在界面位置产生的反射冲击波再次传入炸药反射区时,由于冲击波阵面前方原爆轰产物中存在炸药初始爆轰压力,因此该条件下的反射冲击波 Hugoniot 方程将改变为:

$$e_f - e_b = \frac{1}{2}(p_f + p_b)(\tau_b - \tau_f) \tag{3-38}$$

式中,e_f为炸药反射区内反射冲击波后产物内能。

将仅考虑分子间排斥作用时的凝聚体状态方程(3-8)代入式(3-38),消去状态方程中的内能表现形式,得到仅由反射冲击波前后产物压力与比容参量表示的冲击波状态方程为:

$$\frac{1}{k-1}(p_f\tau_f - p_b\tau_b) = \frac{1}{2}(p_f + p_b)(\tau_b - \tau_f) \tag{3-39}$$

对式(3-39)进行移项与合并整理,最终得到关于参数 p_f/p_b的反射冲击波状态方程表达式:

$$\frac{\tau_f}{\tau_b} = \frac{(k-1)(p_f/p_b) + (k+1)}{(k+1)(p_f/p_b) + (k-1)} \tag{3-40}$$

将式(3-40)代入式(3-37)后,求解得到炸药反射区内的反射冲击波后产物质点速度为:

$$v_f = v_b - \sqrt{p_b\tau_b\left(\frac{p_f}{p_b} - 1\right)\left[1 - \frac{(k-1)(p_f/p_b) + (k+1)}{(k+1)(p_f/p_b) + (k-1)}\right]} \tag{3-41}$$

同时,再将式(3-41)与钻孔内炸药爆轰波初始状态参数计算式(3-9)至式(3-12)进行联立求解,最终得到炸药反射区内反射冲击波后产物质点速度为:

$$v_f = \frac{D_e}{k+1}\left(1 - \frac{\dfrac{p_f}{p_b} - 1}{\sqrt{\dfrac{k+1}{2k}\dfrac{p_f}{p_b} + \dfrac{k-1}{2k}}}\right) \tag{3-42}$$

(2) 装药周边承压介质透射冲击波

炸药爆轰波传播至炸药与承压介质的分界面时,将在装药周边承压介质内激起透射冲击波。考虑到钻孔内承压介质起初处于静压状态，因此根据透射波前后的动量与质量守恒方程，可得到透射波过后的承压介质质点速度为：

$$v_c = \sqrt{(p_c - p_{c0})(\tau_{c0} - \tau_c)} \tag{3-43}$$

式中，v_c为透射波过后的承压介质质点速度；p_c与τ_c分别为透射波过后承压介质的压力与比容；p_{c0}与τ_{c0}分别为承压介质初始压力与比容。

根据炸药反射区内冲击波后产物与承压介质透射区内透射波后产物在分界面上的压力与速度连续条件，可知：

$$p_c = p_f, v_c = v_f \tag{3-44}$$

将式(3-42)与式(3-43)代入式(3-44)，即得到钻孔内装药周边承压介质在爆轰波经过后的介质状态参量(压力与比容或密度)函数关系。因此，要最终确定爆轰波传播过后的承压介质状态变化特征，尚需补充装药周边介质的状态方程。

钻孔中炸药爆轰波的高速撞击会在承压介质内激起高强度的冲击波，而在冲击波作用下装药周边承压介质通常将处于高压状态。由于介质在高压与常压状态下的状态方程通常具有明显差异，因此要确定冲击波作用条件下的承压介质最终状态，必须事先给出介质高压状态方程。为便于使用，工程中通常采用形式较为简单的凝聚体状态经验方程：

$$v_c = \sqrt{\frac{p_c}{\rho_{c0}}\left[1 - \left(\frac{p_c}{A} + 1\right)^{-\frac{1}{n}}\right]} \tag{3-45}$$

需要特别指出的是，在分析大波阻抗承压介质对波传播规律的影响时，由于缺少对相应凝聚介质状态方程中相关常量(A与n)实验数据的掌握，但为实现理论分析上的完整，这里采用固液混合物(例如，含沙水、泥浆、砂浆等)作为承压介质以达到大波阻抗要求的同时，又假定固液混合介质高压状态方程中的相关常量与静水状态时的常量相同。此时，联立式(3-42)、式(3-44)以及式(3-45)，求解得到钻孔内炸药密度为1.6 g/cm^3、爆轰压为22.5 GPa时，大波阻抗固液混合介质密度对冲击波后承压介质压力的影响，如图3-11所示。

由图3-11可以看出，炸药爆轰波在承压介质内激起的冲击波后压力将随着大波阻抗承压介质初始密度的增加而近似呈线性增大，且当承压介质初始密度达到一定值时，承压介质内冲击波后压力将达到甚至超过炸药爆轰压力。因此，在大波阻抗承压介质条件下，通过适当提高承压介质的初始密度，将有利于承压介质内冲击波强度的提高，增强介质内冲击波对钻孔围岩的破坏。

(3) 大波阻抗围岩介质中波的传播

由于钻孔中装药周边承压介质厚度较小，当炸药爆轰波在承压介质内激起的高强度冲击波穿透承压介质层厚度时，冲击波强度衰减量也相对较小。因此，当承压介质层内的冲击波传播至钻孔壁面时，同样会在钻孔围岩中激起

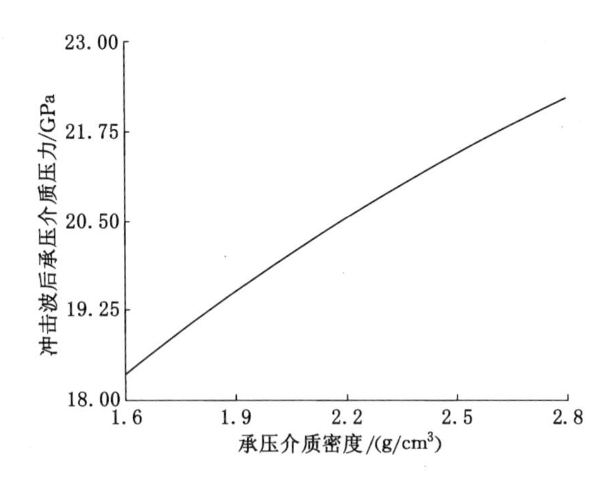

图 3-11 大波阻抗介质密度对波后承压介质压力影响

具有较高强度的冲击波，进而对钻孔围岩产生一定的压缩破坏；且由于钻孔围岩波阻抗相对较高，承压介质中冲击波撞击钻孔壁面产生透射冲击波的同时，也产生了一定强度的反射冲击波，再次进入已经受到透射冲击波扰动的承压介质层内。

对于钻孔装药周边承压介质中冲击波透射进入钻孔围岩时的波传播规律的探讨，与上述炸药爆轰波在承压介质内激起的波传播规律分析步骤完全一致。考虑到岩石波阻抗一般大于承压介质的波阻抗，因此这里仅考虑承压介质与钻孔界面反射冲击波的情况。此时，只需将上述炸药爆轰波入射承压介质时的波传播过程分析相关表达式中的变量代以新变量，即：

① 将原入射冲击波参量（p_b、τ_b…）代以状态参量（p_c、τ_c…）；

② 将原透射冲击波参量（p_c、τ_c…）代以状态参量（p_R、τ_R…）；

③ 将界面反射冲击波参量（p_f、τ_f…）代以状态参量（p_{cf}、τ_{cf}…）；

④ 将原承压介质参量（p_{c0}、τ_{c0}…）代以状态参量（p_{R0}、τ_{R0}…）。

其中，p_{cf}、τ_{cf} 为承压介质反射区内冲击波后承压介质压力与比容。

对于岩石介质中波传播规律的分析，通常可以采用形式更为简单的岩石冲击压缩经验关系替代凝聚介质高压状态方程，作为介质中波传播基本方程的补充，对波后岩石介质状态参量进行最终确定。一般常用的岩石冲击压缩经验关系为：

$$D_R = a + bv_R \tag{3-46}$$

式中，v_R 为岩石冲击波后质点速度。

将岩石介质冲击压缩经验关系式(3-46)与冲击波后介质动量守恒方程以及

介质质点速度表达式联立，求解得到岩石介质中波后质点速度为：

$$v_R=\frac{\sqrt{a^2+4b(p_R-p_{R0})\tau_{R0}}-a}{2b} \tag{3-47}$$

根据波过后承压介质与钻孔围岩分界面上的应力与位移连续条件 $p_{cf}=p_R$ 与 $v_{cf}=v_R$，联立式(3-47)与承压介质反射区内波后质点速度关系式(只需将式(3-42)中的参量做以下变换：$v_f\rightarrow v_{cf}$；$p_f\rightarrow p_{cf}$；$p_b\rightarrow p_c$)，并结合表 3-1 中所示的岩石冲击特性经验常数，从而得到不同岩性岩石介质中透射冲击波后压力与承压介质中初始透射冲击波强度间的关系，如图 3-12 所示。

表 3-1　　不同岩石的 *a*、*b* 经验常数

岩石名称	密度/(g/cm³)	a/(m/s)	b
花岗岩	2.63	2 100	1.63
玄武岩	2.67	2 600	1.60
辉长岩	2.98	3 500	1.32
钙质斜长石	2.75	3 000	1.47
大理石	2.70	4 000	1.32
石英岩	2.60	3 500	1.43
泥质细砂岩	—	520	1.78
页岩	2.00	3 600	1.34
岩盐	2.16	3 500	1.33

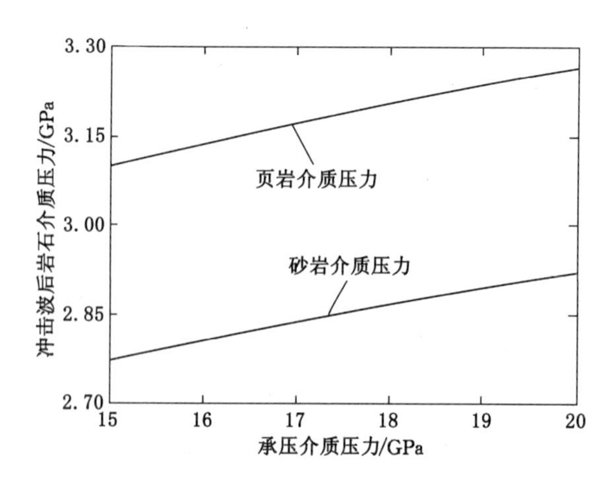

图 3-12　不同岩性岩石波后压力与承压介质初始透射波强度关系

由图 3-12 可以看出，相同岩性岩石介质中透射冲击波后压力将随着承压介质中初始透射冲击波强度的增加而近似呈线性增长趋势；且在承压介质中相同初始透射波强度条件下，砂岩中透射波过后的岩石介质压力明显低于页岩透射波后的介质压力，说明坚硬岩石对冲击波传播过程中的强度衰减影响较为显著。从能量守恒的角度来看，硬岩中冲击波压力衰减较快，更多的冲击波能量将转化为对钻孔围岩破坏做功，冲击波对硬岩的破岩效果较为显著；相反，对于硬度相对较小甚至软弱的岩石介质，冲击波过后岩石介质中仍保持相对较高的压力水平，此时一定体积(V_R)范围内的围岩介质中将具有相对较高的势能($p_R V_R$)，而转化为破岩作用的动能则相对较少，冲击波对软岩的破岩效果相对较差，岩石中储存的较多势能将转换为对钻孔围岩的压实做功。因此，软岩介质中的冲击波主要用于“扩空腔”，而硬岩中的冲击波主要用于“碎围岩”。

3.3.1.2　钻孔内装药周边小阻抗介质影响

爆轰波入射到波阻抗较低的介质界面时，爆轰产物在界面位置将加速通过，从而导致界面近区压力低于炸药的爆轰压力，此时在爆轰产物中将反射稀疏波。装药周边小波阻抗承压介质在爆轰产物中反射稀疏波的情况，如图 3-13 所示。

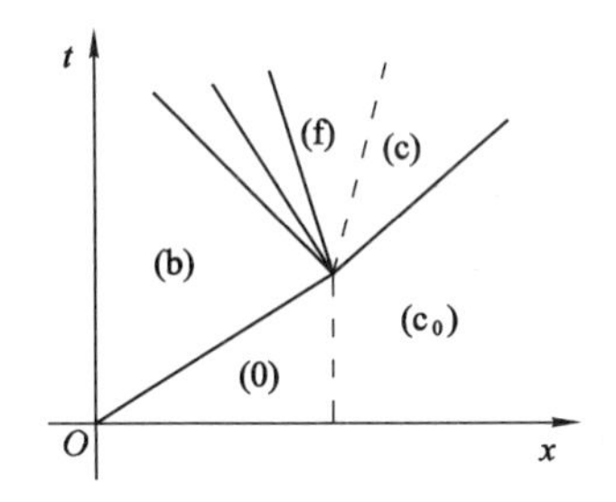

图 3-13　爆轰产物中反射稀疏波

其中，(f)为反射稀疏波后产物区，其余各区与图 3-10 中各区含义相同。

图 3-13 为稀疏波向左传入爆轰产物区的情形，得到左传稀疏波的动量守恒方程为：

$$\mathrm{d}p = -\rho c\,\mathrm{d}v \tag{3-48}$$

式中，p 与 ρ 分别为稀疏波区内产物压力及密度；c 与 v 分别为稀疏波区内产物声速及质点速度。

令 v_f 与 p_f 分别表示炸药与周边介质分界面位置处的产物质点速度与压力。对式(3-48)进行积分求解后，得到稀疏波区末端产物质点速度为：

$$v_f = v_b - \int_{p_b}^{p_f} \frac{1}{\rho c}\mathrm{d}p \tag{3-49}$$

稀疏波属于弱波范畴，稀疏波传播过程中，波区内产物状态参数间满足等熵

关系式(3-32),此时有:

$$\left(\frac{p}{p_b}\right)^{\frac{1}{k}}=\frac{\rho}{\rho_b},\left(\frac{p}{p_b}\right)^{\frac{k-1}{2k}}=\frac{c}{c_b} \tag{3-50}$$

将式(3-9)与式(3-12)代入式(3-50)后,计算得到稀疏波区内产物状态参数间的关系满足:

$$\left(\frac{p}{p_b}\right)^{\frac{k+1}{2k}}=\frac{\rho c}{\rho_0 D_e} \tag{3-51}$$

将式(3-51)与式(3-12)分别代入式(3-49)中,积分求解后得到稀疏波区末端产物质点的速度为:

$$v_f=\frac{D_e}{k+1}\left\{1+\frac{2k}{k-1}\left[1-\left(\frac{p_f}{p_b}\right)^{\frac{k-1}{2k}}\right]\right\} \tag{3-52}$$

通过联立承压介质的状态方程(3-45)、界面应力及位移连续条件(3-44)以及稀疏波区末端产物质点速度表达式(3-52),可完全确定稀疏波末端产物相关状态参量。

以水作为承压介质时,相对凝聚炸药而言,水的波阻抗一般较小。当炸药爆轰波撞击到炸药与周边水介质的分界面时,除在承压介质中激起相应强度的冲击波外,还向炸药爆轰产物内传播了系列反射稀疏波。同样在钻孔内炸药密度为 1.6 g/cm^3、爆轰压力为 22.5 GPa 的条件下,联立式(3-52)、式(3-44)以及式(3-45),求解得到小波阻抗介质密度对冲击波后介质压力的影响,如图 3-14 所示。

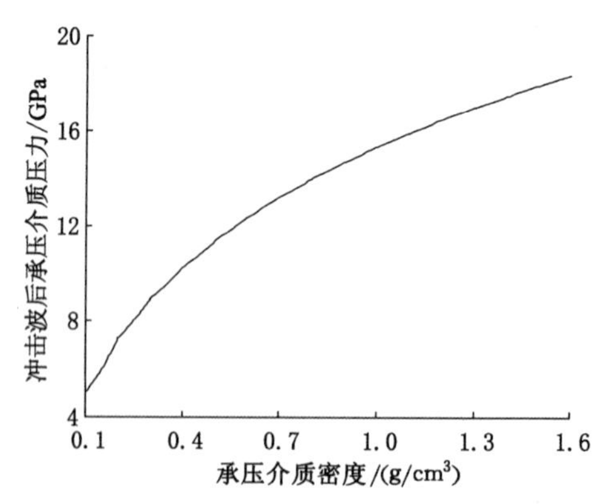

图 3-14 小波阻抗介质密度对冲击波后介质压力的影响

由图 3-14 可以看出,尽管在小波阻抗条件下,由于反射稀疏波的产生与稀释,使得小波阻抗介质透射波后区相对大波阻抗承压介质条件下的介质压力出现一定程度的降低,但炸药爆轰波在小波阻抗介质内激起的冲击波后压力仍将随着介质初始密度的增加而逐渐呈增大趋势。因此，在小波阻抗介质条件下，通过适当提高装药周边介质的初始密度，仍将有利于装药周边介质内冲击波强度的提高，从而有效加强介质内冲击波对钻孔围岩的破坏作用。

钻孔爆破条件下的装药周边空气介质属于小波阻抗承压介质的一种特殊形式。凝聚炸药在钻孔内起爆瞬间，爆轰产物最初处于原炸药所占据的体积内，空间有限，产物膨胀受到限制，该状态条件下产物密度相对较大；当炸药爆轰产物到达空气接触面时，由于空气介质密度较低，此时产物将产生剧烈膨胀。因此，整个爆轰产物膨胀的过程将不再遵循等熵关系。

为便于分析计算，气体爆轰理论中采用近似的方法，假定存在爆轰产物临界状态，将爆轰产物膨胀过程人为划分为两个等熵过程：

(1) 爆轰产物由初始状态（p_b、τ_b…）等熵膨胀至临界状态（p_L、τ_L…）为第一阶段。该阶段爆轰产物膨胀空间有限，产物密度相对较大，产物膨胀指数接近凝聚体炸药常数 k，爆轰产物膨胀过程中遵循等熵关系：

$$p_b\tau_b^k = p_L\tau_L^k \tag{3-53}$$

(2) 爆轰产物由临界状态（p_L、τ_L…）膨胀至反射界面状态（p_f、τ_f…）为第二阶段。该阶段内爆轰产物密度相对较小，爆轰产物膨胀指数取为定常值 k_f，产物膨胀过程中遵循等熵关系：

$$p_L\tau_L^{k_f} = p_f\tau_f^{k_f} \tag{3-54}$$

式中，p_L 为爆轰产物临界状态压力；k_f 为第二阶段内产物等熵膨胀指数，通常取值为 1.2～1.4。

根据以上假设，气体爆轰理论给出爆轰产物膨胀末端质点速度为：

$$v_f = \frac{D_e}{k+1}\left\{1+\frac{2k}{k-1}\left[1-\left(\frac{p_L}{p_b}\right)^{\frac{k-1}{2k}}\right]\right\}+\frac{2c_L}{k_f-1}\left[1-\left(\frac{p_f}{p_L}\right)^{\frac{k_f-1}{2k_f}}\right] \tag{3-55}$$

其中：

$$c_L = c_b\left(\frac{p_L}{p_b}\right)^{\frac{k-1}{2k}}$$

$$p_L = \rho_0 D_e^2\ (k+1)^{\frac{k+1}{k-1}}\left\{\frac{k_f-1}{k}\left[\frac{Q_e}{D_e^2}-\frac{1}{2(k^2-1)}\right]\right\}^{\frac{k}{k-1}}$$

式中，c_L 为爆轰产物临界状态时的声速。

炸药爆轰波撞击空气介质界面瞬间，同样在空气介质内激起了具有一定强度的空气冲击波，根据空气强冲击波公式得到空气介质波后质点速度为：

$$v_c = \sqrt{\frac{2}{k_c+1}\frac{p_c}{\rho_{c0}}} \tag{3-56}$$

式中，k_c 为空气膨胀指数，通常取值为 1.2。

根据装药周边空气介质条件下的爆轰产物末端质点速度公式(3-55)、空气介质波后质点速度公式(3-56)以及界面连续条件(3-44),可完全确定空气冲击波后的气体状态参量。

联立式(3-55)、式(3-56)以及式(3-44),求解得到钻孔内炸药密度为 1.6 g/cm³、爆轰压力为 22.5 GPa 时的空气介质密度对冲击波后介质压力的影响,如图 3-15 所示。

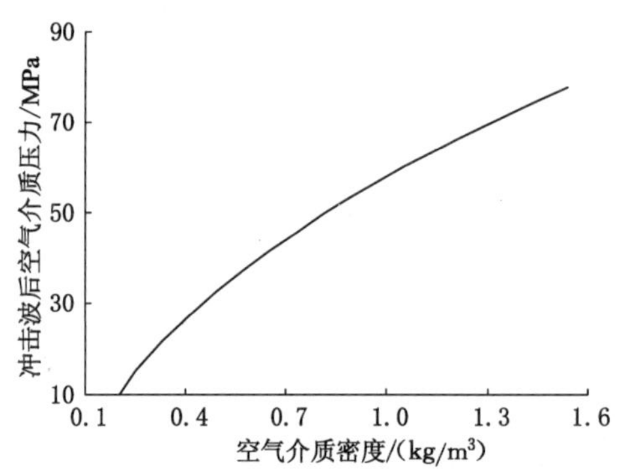

图 3-15　空气介质密度对冲击波后介质压力的影响

由图 3-15 可以看出,空气介质作为钻孔内装药周边小波阻抗介质的一种特殊形式,沿承了小波阻抗介质对炸药爆轰波传播产生影响的一些规律。所不同的是,空气介质对于冲击波强度的衰减程度远大于装药周边存在水介质时的情况,此时冲击波所携带的能量将大部分转化为对空气介质的压缩做功与产热。因此,钻孔中炸药爆轰所激发的高强度空气冲击波基本没有发挥对围岩的冲击破岩作用。虽然通过提高空气介质的初始密度,可以增大冲击波后空气介质的压力,提高空气冲击波破岩能量利用率,但效果并不显著。从图 3-15 可以看到,即使将钻孔装药周边的空气介质密度压缩到很大,此时对应的空气冲击波后介质压力也仅达到兆帕级,因此通过压缩钻孔装药周边空气介质以提高冲击波破岩能量利用率的技术投入与效果产出不成比例。可见,钻孔装药周边存在空气介质时的冲击波破岩作用并不能充分发挥,该条件下炸药爆炸的破岩能量主要来源于爆轰产物的后续膨胀做功。

3.3.2　钻孔内充水承压爆破装药周边介质受力分析

以上仅针对波在界面上的一次传播路径与简单传播方式进行了分析,而生产实践中,波在物体内的传播路径与方式却是非常复杂的。由于介质性质的差异,在波的传播路径上,同一种波型可能反复多次经过同一介质,例如下面将要分析的钻孔内冲击波反复经过装药周边承压介质层时的情形。为分析钻孔中装药周边承压介质的受力特征，必须先了解波在装药周边承压介质层内的传播规律。

3.3.2.1　波在装药周边介质内的传播规律

钻孔内炸药起爆后，爆轰波初次抵达至炸药与其周边承压介质的分界面时，在分界面上将首先发生波的初次透反射现象，除在装药周边承压介质内激起高强度的透射冲击波外，爆轰波还将在分界面位置产生朝炸药爆轰产物区方向传播的反射波；鉴于钻孔中装药周边承压介质层厚度相对较小，冲击波穿过介质层时波强度衰减较慢，此时当承压介质中透射冲击波传播到达钻孔壁面时，同样将在钻孔壁面位置产生朝向钻孔围岩以及承压介质区内传播的透射冲击波与反射波。对钻孔装药周边承压介质而言，受介质两端面条件的影响，入射波将在承压介质两端界面位置产生多次透反射情况。装药周边承压介质中波的传播方式与路径，如图 3-16 所示。

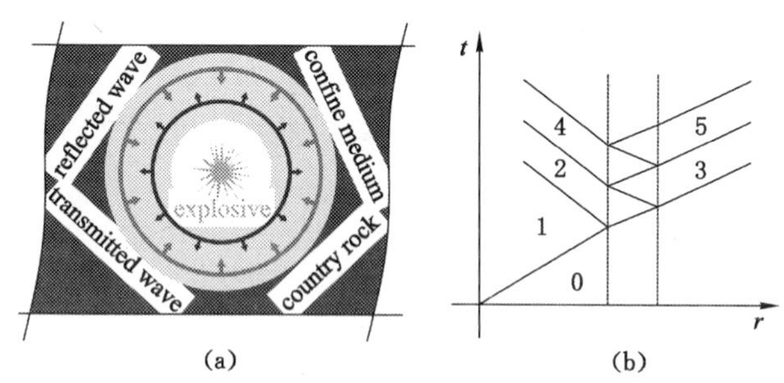

图 3-16　承压介质中波的传播方式与路径

(a) 承压介质内波的传播方式；(b) 界面位置上波的传播路径

图 3-16 中，(0) 为炸药未反应区；(1) 为炸药爆轰产物区；(2) 为炸药爆轰产物区内第一反射波后区；(3) 为钻孔围岩内第一透射波后区；(4) 为炸药爆轰产物区内第二反射波后区；(5) 为钻孔围岩内第二透射波后区。

3.3.2.2　装药周边介质波动传载后的受力分析

根据前面章节对爆轰波传播规律的分析可知，当钻孔内炸药爆轰波传播至其与装药周边承压介质的分界面时，波在界面上的反射与透射系数分别为：

$$\begin{cases} F_1 = \dfrac{\rho_c c_c - \rho_b c_b}{\rho_c c_c + \rho_b c_b} \\ T_1 = \dfrac{2\rho_c c_c}{\rho_c c_c + \rho_b c_b} = 1 + F_1 \end{cases} \tag{3-57}$$

式中，F_1、T_1 分别为炸药爆轰波传播至其与承压介质的分界面时，在界面位置上产生的波反射与透射系数。

相反，当波经由承压介质朝向炸药爆轰产物区方向传播时，在两介质分界面的位置上所产生的波反射与透射系数将分别表示为：

$$\begin{cases} F_2 = -F_1 \\ T_2 = 1 - F_1 \end{cases} \tag{3-58}$$

式中，F_2、T_2分别为波传播至承压介质与炸药爆轰产物的分界面时，在界面位置上产生的波反射与透射系数。

同理，当波经由承压介质朝向钻孔围岩方向传播时，在钻孔围岩壁面位置上产生的波反射与透射系数分别为：

$$\begin{cases} F_3 = \dfrac{\rho_R c_R - \rho_c c_c}{\rho_R c_R + \rho_c c_c} \\ T_3 = \dfrac{2\rho_R c_R}{\rho_R c_R + \rho_c c_c} = 1 + F_3 \end{cases} \tag{3-59}$$

式中，F_3、T_3分别为波传播至钻孔围岩壁面时，在壁面位置上产生的波反射与透射系数。

设钻孔内炸药爆炸产生的爆轰波到达炸药与承压介质分界面时，爆轰波强度为 q_1。此时由图 3-16 可知，爆轰波在该界面上的历次反射波强度分别可表示为：

第 1 次反射强度：$q_{R1} = F_1 q_1$

第 2 次反射强度：$q_{R2} = T_1 F_3 T_2 q_1$

第 3 次反射强度：$q_{R3} = T_1 F_3 F_2 F_3 T_2 q_1 = T_1 F_3^2 F_2 T_2 q_1$

第 n 次反射强度：$q_{Rn} = T_1 F_3 \underbrace{F_2 F_3 \cdots F_2 F_3}_{n-2} T_2 q_1 = T_1 F_3^{n-1} F_2^{n-2} T_2 q_1$

其中，q_{R1}、q_{R2}、…、q_{Rn} 分别为爆轰波在炸药与承压介质界面上的历次反射波强度。

孔内炸药起爆后，爆轰波引起的炸药与承压介质界面上的应力强度，应等于爆轰入射波应力以及界面上的历次反射波应力之和。由此得到钻孔内炸药与承压介质界面上的总应力强度为：

$$\begin{aligned} q_R &= q_1 + \sum_{i=1}^{n} q_{Ri} = [1 + F_1 + (F_3 + F_3^2 F_2 + \cdots + F_3^{n-1} F_2^{n-2}) T_1 T_2] q_1 \\ &= \left\{ 1 + F_1 + \frac{1 - (F_3 F_2)^{n-1}}{1 - F_3 F_2} F_3 T_1 T_2 \right\} q_1 \end{aligned} \tag{3-60}$$

式中，q_R为爆轰波在炸药与承压介质界面上的总应力强度；q_{Ri}为炸药与承压介质界面上的历次反射波强度，$i=1,2,\cdots,n$。

炸药爆轰波激起的冲击波在承压介质内发生多次透反射，反复冲击孔围岩壁面。由图 3-16 可知，装药周边承压介质内的冲击波在钻孔围岩壁面上的历次透射波强度为：

第 1 次透射强度：$q_{T1} = T_1 T_3 q_I$

第 2 次透射强度：$q_{T2} = T_1 F_3 F_2 T_3 q_I$

第 3 次透射强度：$q_{T3} = T_1 F_3 F_2 F_3 F_2 T_3 q_I = T_1 (F_3 F_2)^2 T_3 q_I$

第 n 次透射强度：$q_{Tn} = T_1 \underbrace{F_3 F_2 \cdots F_3 F_2}_{n-1} T_3 q_I = T_1 (F_3 F_2)^{n-1} T_3 q_I$

其中，q_{T1}、q_{T2}、…、q_{Tn}分别为波在钻孔围岩壁面上的历次透射波强度。

同理可知，由装药周边承压介质内冲击波引起的钻孔围岩壁面上的应力强度，应等于壁面上的历次透射波应力强度之和。由此得到钻孔壁面上的总应力强度为：

$$\begin{aligned} q_T &= \sum_{i=1}^{n} q_{Ti} \\ &= [1 + F_3 F_2 + (F_3 F_2)^2 + \cdots + (F_3 F_2)^{n-1}] T_1 T_3 q_I \\ &= \frac{1 - (F_3 F_2)^n}{1 - F_3 F_2} T_1 T_3 q_I \end{aligned} \tag{3-61}$$

式中，q_T为钻孔壁面上的总应力强度；q_{Ti}为钻孔壁面上的历次透射波强度，$i=1,2,\cdots,n$。

对钻孔内装药周边承压介质两端面上的总应力强度分别求解后，计算得到承压介质两端面上的透反射波应力强度差与入射爆轰波应力强度之比为：

$$\frac{|q_R - q_T|}{q_I} = \left| 1 + F_1 + \frac{1 - (F_3 F_2)^{n-1}}{1 - F_3 F_2} F_3 T_1 T_2 - \frac{1 - (F_3 F_2)^n}{1 - F_3 F_2} T_1 T_3 \right| \tag{3-62}$$

可见，根据式(3-62)即可对波在装药周边承压介质内经过多次透反射后的介质受力特征进行分析。以水作为装药周边承压介质为例，水的波阻抗一般小于凝聚体炸药与岩石的波阻抗，因此钻孔内装药周边承压水介质两端面位置上的波反射系数将具有以下特点：

$$\begin{cases} -1 < F_1 < 0 \\ 0 < F_3 < 1 \\ 0 < -F_1 F_3 < 1 \\ 0 < 1 + F_1 < 1 \end{cases} \tag{3-63}$$

根据钻孔内装药周边承压介质两端面上波的反射与透射系数间的关系式(3-58)与式(3-59)，在 $n \to \infty$ 的条件下，由式(3-62)计算得到钻孔内承压水介质两端面上的透反射波应力强度差与入射爆轰波应力强度之比为：

$$\frac{|q_R - q_T|}{q_I} = \left| 1 + \frac{1 - (-F_3 F_1)^{n-1}}{1 + F_3 F_1} F_3 (1 - F_1) - \frac{1 - (-F_3 F_1)^n}{1 + F_3 F_1} (1 + F_3) \right| |1 + F_1|$$

$$= \left|1+\frac{F_3(1-F_1)-(1+F_3)}{1+F_3F_1}\right||1+F_1| = \left|1+\frac{-F_3F-1}{1+F_3F_1}\right||1+F_1| = 0 \quad (3\text{-}64)$$

由此可见，当波在钻孔内装药周边承压水介质层内经过多次反射与透射过程后，钻孔内承压水介质内的应力将趋于均匀化。因此，钻孔内承压水介质条件下，可取装药周边介质两端面位置上的透反射波应力强度平均值作为钻孔内承压介质的平均受力，即：

$$p_c = \frac{|q_R| + |q_T|}{2}$$

$$= \frac{q_1}{2}\left[\left|1 + F_1 + \frac{1-(F_3F_2)^{n-1}}{1-F_3F_2}F_3T_1T_2\right| + \left|\frac{1-(F_3F_2)^n}{1-F_3F_2}T_1T_3\right|\right] = \eta q_1 \quad (3\text{-}65)$$

其中：

$$\eta = \left|\frac{1+F_3}{1+F_3F_1}\right||1+F_1|$$

式中，η 为钻孔内爆轰波作用下的装药周边承压水介质承载系数。

由式(3-65)可知，钻孔内冲击波过后装药周边承压水介质的受力主要取决于其承载系数的大小，进而又受到介质两端面上波反射系数的影响。承压水介质承载系数与其两端面上的波反射系数间的关系，如图 3-17 所示。

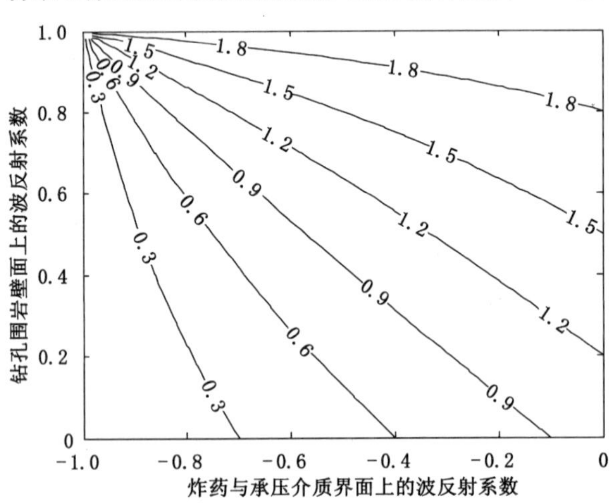

图 3-17　装药周边承压水介质的承载系数

由图 3-17 可以看出，随着波在承压介质两端面上波反射系数的增加，承压介质承载系数将不断增大。即表明，通过减小爆轰波在炸药与其周边介质分界面上的反射，提高爆轰波向承压介质内的透射强度，并限制承压介质内激起的冲击波过度透射至钻孔围岩中，都将对提高钻孔内承压介质的承载有利。从钻孔内承压介质两端面上的波反射系数关系式(3-57)与式(3-59)可以看出，在适当提高承压介质本身波阻抗的同时，既能增加爆轰波在承压介质中的透射强度，又能减少介质中冲击波强度的过度损失；既能起到在钻孔围岩中透射适量冲击波破岩导向的作用，又能显著提高承压介质后续膨胀对钻孔围岩充分做功破岩的效果。

同样以水作为钻孔内装药周边承压介质为例，相对于冲击波过后的水介质压力而言，钻孔内承压水介质的初始压力相对较小。由此联立式(3-43)与式(3-45)，从而得到冲击波过后的承压介质中状态参量关系为：

$$
\begin{cases}
\rho_c = \rho_{c0}\left(\dfrac{p_c}{A}+1\right)^{\frac{1}{n}} \\
\dfrac{\mathrm{d}p_c}{\mathrm{d}\rho_c} = \dfrac{An}{\rho_{c0}}\left(\dfrac{p_c}{A}+1\right)^{1-\frac{1}{n}}
\end{cases}
\tag{3-66}
$$

根据式(3-66)，得到高强度冲击波过后装药周边承压介质密度与压力间的关系，如图3-18所示。

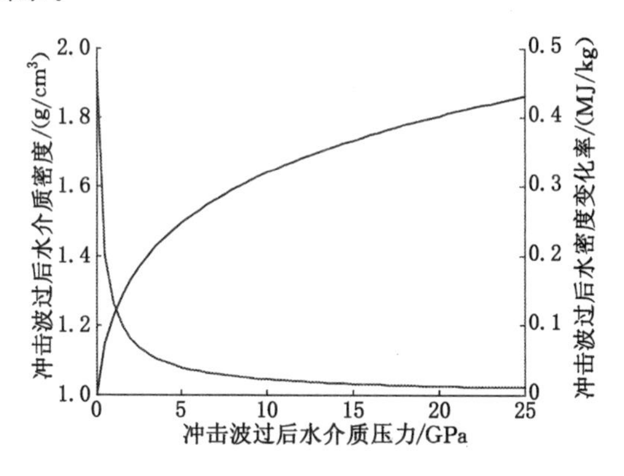

图3-18　冲击波过后承压介质的密度与压力关系

由图3-18可以看出，对于常压条件下难以压缩的液态水介质，在高强度冲击波作用下，其密度将随着冲击波后水介质压力的增大而呈递增趋势，且变化梯度在水介质压力增加的初始阶段相对较高；然而，当冲击波过后的水介质压力约超过5 GPa时，此时承压水介质的密度改变又将逐渐趋于平缓，即使冲击波过后的水介质压力在25 GPa的条件下，水介质密度也仅达到1.85 g/cm左右。由此可见，液态水介质即便在高压条件下，其可压缩性也并不显著。

3.4 小　　结

采用爆炸力学与应力波理论对煤岩承压爆破条件下的波传播与爆轰产物膨胀规律进行了系统分析。研究表明，钻孔内装药周边承压介质的存在将对煤岩中波的传播与作用以及产物膨胀规律产生一定影响。本章研究主要得到以下具体结论：

(1) 炸药爆轰波在介质内激起的冲击波强度将随着介质初始密度的增加近似呈线性增大，通过适当提高孔内炸药周边介质的压力，将有利于介质内冲击波强度的提高，增强冲击波对围岩的破岩导向。

(2) 建立了承压爆破条件下的波传播与传爆介质等熵膨胀模型，得到了孔内传爆介质后续膨胀规律，揭示了承压爆破条件下的冲击波与应力波先导破岩及承压水后续膨胀挤压增裂联合破岩机理。

(3) 综合考虑炸药爆轰产物的后续膨胀做功能力，钻孔内装药周边承压介质及围岩中的冲击波和应力波强度既不能太高也不能太低，否则“冲击波导向-应力波破岩-产物和承压介质后续膨胀增裂”的联合破岩作用将不能充分发挥，难以实现最佳的承压爆破破岩效果。

(4) 坚硬岩石中冲击波压力衰减较快，更多冲击波能量转化为对孔壁围岩的破坏做功，对硬岩的破岩效果较为显著；相反，岩石中储存的较多势能将转换为对围岩的压实做功，对软岩的破岩效果相对较差。导致软岩介质中的冲击波主要用于“扩空腔”，而硬岩中的冲击波主要用于“碎围岩”。

(5) 大波阻抗承压介质内激起的冲击波强度将随着介质初始密度的增加近似呈线性增大，通过适当提高承压介质的初始密度，将有利于承压介质内冲击波强度的提高，增强介质内冲击波对孔壁围岩的破岩导向；小波阻抗介质条件下，通过采取适当提高装药周边介质初始密度的措施，仍将有利于装药周边介质内冲击波强度的提高，加强介质内冲击波对孔壁围岩的破坏作用。

4 煤岩钻孔内充水承压爆破破岩增裂机理

目前,岩石破坏是在冲击波与炸药爆轰产物共同作用下的结果,更符合爆破破岩实际过程,为多数学者所接受。该观点综合考虑了钻孔中炸药爆炸产生的高强度冲击波载荷与高温高压爆轰产物在岩石破坏中的作用,认为炸药爆轰瞬间产生的高强度爆轰波传播速度远高于产物膨胀速度,炸药爆轰波将首先作用于钻孔围岩壁面,激起高强度的岩石冲击波,对围岩产生压缩破坏;随着冲击波破岩能量的消耗与传播距离的增加,冲击波逐渐衰减为应力波,在冲击波压缩破坏区外对围岩产生拉伸破坏,形成钻孔围岩径向裂隙;随后,爆轰膨胀产物进入围岩径向裂隙中产生“气楔”作用,进一步延伸、扩展围岩径向裂隙,加大围岩破裂范围。这里仍将采用该理论观点来揭示煤岩钻孔内充水承压爆破破岩机理,为改进型爆破技术的工程应用提供指导。

4.1 钻孔内波动传载破岩分区划分

钻孔内炸药起爆瞬间,炸药爆轰波将首先在其相邻介质内激发高强度的冲击波,随后炸药爆轰产物再后续膨胀对周边介质继续做功。由于空气介质的可压缩性较强,冲击波所携带的能量大部分消耗于对空气介质的压缩做功,因此对于钻孔围岩的有效破岩能量利用率相对较小。这里将以波阻抗更高的承压介质作为原空气介质的替代,一方面减少爆轰波能量在装药周边传爆介质中的过量损耗,另一方面适当提高承压介质中冲击波对钻孔围岩的破岩导向,同时又避免大量冲击波能量消耗于钻孔围岩的压实或破碎区范围内。

4.1.1 冲击波作用下的围岩破裂分析

钻孔内炸药起爆后,在承压介质与钻孔围岩中将形成高强度的冲击波,而冲击波高能量又瞬间作用于钻孔围岩体上。岩石结构在高强度的冲击波作用下将呈现流变特征,可将岩石介质视作流体对象进行处理。对于深部装药条件下的煤岩承压爆破而言,钻孔内的炸药爆炸作用将处于平面应变状态。钻孔壁面上的高强度冲击波在围岩中任意点引发的应力为:

$$\begin{cases} \sigma_r = p_c \left(\dfrac{r}{r_b}\right)^{-\alpha} \\ \sigma_\varphi = -\lambda\sigma_r \\ \sigma_z = \mu_d(\sigma_r + \sigma_\varphi) \end{cases} \tag{4-1}$$

其中：

$$\begin{cases} \alpha = 2 + \dfrac{\mu_d}{1-\mu_d} \\ \lambda = \dfrac{\mu_d}{1-\mu_d} \end{cases} \tag{4-2}$$

式中，σ_r为围岩径向应力；σ_φ为切向应力；σ_z为轴向应力；p_c为作用于钻孔壁面上的冲击波初始压力；α 为冲击波衰减系数；λ 为侧向围压系数；μ_d为围岩动态泊松比，通常取 $\mu_d=0.8\mu$，其中 μ 为围岩静态泊松比。

(1) 冲击波作用下的围岩压实或破碎区半径

承压介质中的高压冲击波直接作用在钻孔围岩壁面时，钻孔周边岩石将遭到粉碎性破坏。此时，冲击波作用下的钻孔围岩压实或破碎区半径为：

$$r_c = \left(\frac{\sqrt{2}\sigma_c\xi^{1/3}}{Cp_c}\right)^{-\frac{1}{\alpha}} r_b \tag{4-3}$$

其中：

$$C = [(1+\lambda)^2 - 2\mu_d(1-\mu_d)(1-\lambda)^2 + \lambda^2 + 1]^{\frac{1}{2}}$$

式中，r_c为钻孔围岩的压实或破碎区半径；σ_c为岩石单轴抗压强度；C 为中间变量；ξ 为围岩加载应变率，围岩破碎区内岩石应变率相对较高，一般取为 $10^2 \sim 10^4\ s^{-1}$，而破碎区以外的围岩应变率则有所降低，为 $1 \sim 10^3\ s^{-1}$。

(2) 应力波作用下的围岩破裂区半径

钻孔围岩中的冲击波逐渐衰减成应力波后，对围岩继续产生拉破坏作用，最终导致钻孔周边围岩破裂区半径为：

$$r_t = \left(\frac{\sigma_t}{\sigma_c\xi^{1/3}}\right)^{-\frac{1}{\beta}} \left(\frac{\sqrt{2}\sigma_c\xi^{1/3}}{Cp_c}\right)^{-\frac{1}{\alpha}} r_b \tag{4-4}$$

其中：

$$\beta = 2 - \frac{\mu_d}{1-\mu_d}$$

式中，r_t为钻孔围岩拉破坏半径；σ_t为岩石单轴抗拉强度；β 为应力波衰减系数。

联立式(4-3)与式(4-4)，由此计算得到钻孔围岩中的破裂区厚度为：

$$D_t = \left[\left(\frac{\sigma_t}{\sigma_c\xi^{1/3}}\right)^{-\frac{1}{\beta}} - 1\right]\left(\frac{\sqrt{2}\sigma_c\xi^{1/3}}{Cp_c}\right)^{-\frac{1}{\alpha}} r_b \tag{4-5}$$

式中，D_t为钻孔围岩中的破裂区厚度。

在预先得知岩石相关力学参数情况下，将相关参数分别代入式(4-4)与式(4-3)，可得到承压爆破作用下的钻孔周边围岩拉压破坏区长度。为便于分析，这里列举常见岩石物理力学参数，如表4-1所示。

表4-1　　不同岩性岩石物理力学参数

参数	页岩	砂岩	石灰岩	花岗岩
σ_c	55	80	140	175
σ_t	16.5	24.0	25.0	32.0
μ	0.31	0.25	0.26	0.22
μ_d	0.25	0.20	0.21	0.18

已知钻孔内水介质存在条件下的岩石透射冲击波强度约为2.75 GPa，当岩石爆破加载率取为100 s^{-1}时，根据表4-1所示岩石力学参数，代入式(4-4)计算得到不同岩性条件下的围岩拉破坏区半径，如表4-2所示。

表4-2　　不同岩性围岩拉破坏区半径

参数	页岩	砂岩	石灰岩	花岗岩
α	2.33	2.25	2.27	2.22
β	1.67	1.75	1.73	1.78
λ	0.33	0.25	0.27	0.22
C	1.75	1.67	1.69	1.65
r_t	0.59	0.47	0.50	0.43

表4-2中数据分析表明，不同岩性条件下的孔内炸药爆炸引起的围岩拉破裂区半径一般为钻孔半径的10～15倍。

4.1.2 钻孔内充水承压爆破破岩分区

岩石钻孔内充水承压爆破实验结果表明，该爆破条件下的围岩破坏具有与普通装药爆破基本相似的破坏过程与分区特征。即煤岩钻孔中炸药起爆后，爆轰波最先作用于装药周边承压介质上，激起的冲击波经薄层介质进一步冲击钻孔围岩壁面，压碎炮孔近区围岩；而冲击波在传播过程中又逐渐衰减为了应力波，并对钻孔围岩产生了拉破坏作用，从而在距炮孔一定距离的范围形成径向与环向裂隙。所不同的是，由于装药周边承压介质的可压缩性较差，介质传爆性能相对较好，因此钻孔内炸药爆轰对围岩的破坏将更加均匀，且作用影响范围相对较广。岩石钻孔内充水承压爆破条件下的围岩破裂特征及分区结构，如图 4-1 所示。

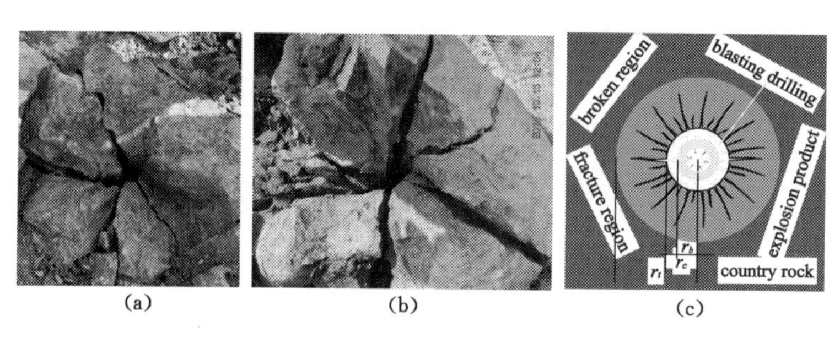

(a)　　(b)　　(c)

图 4-1　岩石钻孔内充水承压爆破裂隙扩展与分区

(a) 地表岩石裂隙扩展；(b) 浅埋岩石裂隙扩展；(c) 钻孔围岩破坏分区

(1) 冲击波作用下的围岩压实或破碎区

当装药周边承压介质内的冲击波初次撞击钻孔壁面时，在壁面上激起的岩石冲击波强度为 p_c(其值在前面的理论分析中已经给出，这里不再赘述)，其值远远超过岩石动态抗压强度，进而对钻孔围岩产生初次强压缩破坏。此时，坚硬岩石在高强度冲击波作用下将遭到粉碎性的破坏，而对于松软岩石则将形成压实空腔。总之，在钻孔内炸药爆轰形成的初始高强度冲击波作用下，钻孔围岩周边将首先形成半径为 r_c 的压实或破碎区。

(2) 应力波作用下的围岩破裂区

钻孔内炸药爆轰在钻孔围岩上形成压实或粉碎区的同时，随着波传播距离的增加，高强度冲击波逐渐衰减成了低强度的应力波。此时，钻孔围岩径向方向在应力波作用下继续受压，进而又导致围岩切向拉伸变形的产生。由于岩石抗拉强度相对较小，一般仅为其抗压强度的 2%～10%，当围岩内切向应力达到其极限抗拉强度时，围岩将沿切向方向被拉断，从而形成与钻孔压实或破碎区贯通的径向裂隙。与此同时，随着钻孔周边径向裂隙的产生，围岩中应力波强度将进一步降低，此时钻孔空腔围岩内积聚的原始压缩变形能随即释放，并在岩石中形成与应力波作用方向相反的拉伸应力，导致岩石反径向运动的产生，进而在围岩中形成环向拉伸裂隙。总之，在围岩应力波的作用下，随着钻孔周边径向裂隙与环向裂隙的发育、扩展与贯通，钻孔周边最终形成了孔径为 r_t 的围岩破裂区。

4.2　煤岩钻孔内充水承压爆破增裂机理

钻孔内炸药爆炸产生冲击波破岩的同时，高温高压爆轰产物将在原装药空间体积上做等熵膨胀，瞬时加热装药周边承压介质达到气化状态，此时炸药爆轰气体混合承压介质气化产物共同膨胀挤压、二次破坏钻孔围岩。由于冲击波初次破岩过后，钻孔围岩已成为非连续、非均质、由多组裂隙与破坏面组合而成的复杂岩体结构，若仍基于传统岩石连续介质力学机理对其进行分析则势必带来一定误差，而断裂力学理论自被引入岩石力学的研究中，逐渐发展成了岩石断裂力学，经过长期发展岩石断裂力学研究对象又开始转向岩石动态断裂分析领域。研究表明，采用断裂力学理论分析岩石裂隙发育、扩展特征与岩体破裂机理等均能比较实际地阐述与评价复杂岩体结构的失稳与破坏。因此，这里将从断裂力学的角度给出承压介质膨胀破岩扩孔机制及围岩孔裂隙扩展规律。

4.2.1 钻孔内充水承压爆破孔壁围岩裂隙场分布

煤岩钻孔内充水承压爆破条件下，由于钻孔内承压介质的存在，孔内炸药起爆后，炸药爆炸载荷将均匀地作用在钻孔壁面上，进而导致钻孔周边大量均匀、对称裂隙的产生。此时，钻孔内承压介质的均匀传载模型，如图 4-2 所示。

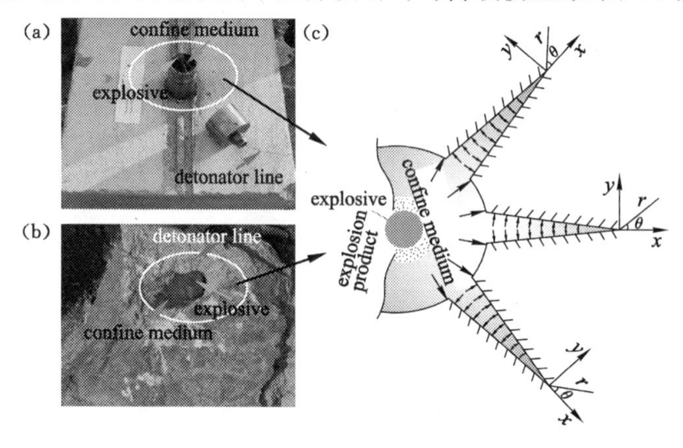

图 4-2 钻孔内承压介质均匀传载模型

(a) 水泥试块承压爆破装药；(b) 地表岩石承压爆破装药；(c) 承压介质的膨胀增裂过程

由图 4-2 可知，在炸药爆轰激起的冲击波与应力波作用下，钻孔周边将形成一系列具有一定尺寸的围岩裂隙。在炸药爆轰产物的后续膨胀过程中，爆轰气体产物将加速推动其周边承压介质高速“楔入”钻孔围岩裂隙空间，冲击钻孔围岩裂隙表面，从而加速孔周边裂隙的扩展。

4.2.2 钻孔内充水承压爆破围岩增裂力学分析

钻孔内承压介质的均匀传载使得围岩周边裂隙的扩展具有一定的相似性。此时，对其中一条裂隙的受力扩展特征进行分析。若假定钻孔周边裂隙在承压介质的均压作用下能够稳定扩展，则根据 Sih 与 Loeber 的研究结论，得到钻孔围岩内Ⅰ型与Ⅱ型裂隙周边的应力场分别为：

$$\begin{cases}\sigma_{\text{I}xx}=\dfrac{K_{\text{I}}}{\sqrt{2\pi r}}\cos\dfrac{\theta}{2}\left(1-\sin\dfrac{\theta}{2}\sin\dfrac{3\theta}{2}\right)\\ \sigma_{\text{II}xx}=\dfrac{K_{\text{II}}}{\sqrt{2\pi r}}\sin\dfrac{\theta}{2}\left(2+\cos\dfrac{\theta}{2}\cos\dfrac{3\theta}{2}\right)\\ \sigma_{\text{I}yy}=\dfrac{K_{\text{I}}}{\sqrt{2\pi r}}\cos\dfrac{\theta}{2}\left(1+\sin\dfrac{\theta}{2}\sin\dfrac{3\theta}{2}\right)\\ \sigma_{\text{II}yy}=\dfrac{K_{\text{II}}}{\sqrt{2\pi r}}\sin\dfrac{\theta}{2}\cos\dfrac{\theta}{2}\cos\dfrac{3\theta}{2}\\ \sigma_{\text{I}xy}=\dfrac{K_{\text{I}}}{\sqrt{2\pi r}}\cos\dfrac{\theta}{2}\sin\dfrac{\theta}{2}\cos\dfrac{3\theta}{2}\\ \sigma_{\text{II}xy}=\dfrac{K_{\text{II}}}{\sqrt{2\pi r}}\cos\dfrac{\theta}{2}\left(1-\sin\dfrac{\theta}{2}\sin\dfrac{3\theta}{2}\right)\end{cases}\tag{4-6}$$

式中，$\sigma_{\text{I}xx}$、$\sigma_{\text{II}xx}$分别为Ⅰ与Ⅱ型裂隙周边沿 x 方向的应力分量；$\sigma_{\text{I}yy}$、$\sigma_{\text{II}yy}$分别为Ⅰ与Ⅱ型裂隙周边沿 y 方向的应力分量；$\sigma_{\text{I}xy}$、$\sigma_{\text{II}xy}$分别为Ⅰ与Ⅱ型裂隙周边的剪切应力分量；θ 为裂隙尖端极坐标角度；K_{I}、K_{II} 分别为Ⅰ型与Ⅱ型裂隙动态应力强度因子。

同理，得到钻孔围岩内Ⅰ型与Ⅱ型裂隙周边的位移场分别为：

$$\begin{cases}u_{\text{I}x}=\dfrac{K_{\text{I}}}{2G}\sqrt{\dfrac{r}{2\pi}}\cos\dfrac{\theta}{2}(\kappa-\cos\theta)\\ u_{\text{II}x}=\dfrac{K_{\text{II}}}{2G}\sqrt{\dfrac{r}{2\pi}}\sin\dfrac{\theta}{2}\left(\kappa+1+2\cos^2\dfrac{\theta}{2}\right)\\ u_{\text{I}y}=\dfrac{K_{\text{I}}}{2G}\sqrt{\dfrac{r}{2\pi}}\sin\dfrac{\theta}{2}(\kappa-\cos\theta)\\ u_{\text{II}y}=\dfrac{K_{\text{II}}}{2G}\sqrt{\dfrac{r}{2\pi}}\cos\dfrac{\theta}{2}\left(\kappa-1-2\sin^2\dfrac{\theta}{2}\right)\end{cases}\tag{4-7}$$

其中：

$$G=\frac{E}{2(1+\mu)},\kappa=\begin{cases}3-4\mu & \text{平面应变情形}\\ \dfrac{3-\mu}{1+\mu} & \text{平面应力情形}\end{cases}$$

式中，$u_{\text{I}x}$、$u_{\text{II}x}$分别为Ⅰ与Ⅱ型裂隙周边沿 x 方向的位移分量；$u_{\text{I}y}$、$u_{\text{II}y}$分别为Ⅰ与Ⅱ型裂隙周边沿 y 方向的位移分量；G 为钻孔围岩剪切模量；E 为围岩弹性模量。

钻孔内炸药爆轰产物的后续膨胀将推动其周边承压介质挤压进入围岩裂隙空间，进而促使钻孔周边围岩裂隙的扩展。当采用 Erdogan 与 Sih 提出的裂隙最大周向止裂判据时，计算得到极坐标条件下的钻孔周边Ⅰ型与Ⅱ型复合裂隙尖端应力表达式为：

$$\begin{cases} \sigma_{krr} = \dfrac{1}{4\sqrt{2\pi r}}\left[\left(5\cos\dfrac{\theta}{2} - \cos\dfrac{3\theta}{2}\right)K_{\mathrm{I}} - \left(5\sin\dfrac{\theta}{2} - 3\sin\dfrac{3\theta}{2}\right)K_{\mathrm{II}}\right] \\ \sigma_{k\theta\theta} = \dfrac{1}{4\sqrt{2\pi r}}\left[\left(3\cos\dfrac{\theta}{2} + \cos\dfrac{3\theta}{2}\right)K_{\mathrm{I}} - 3\left(\sin\dfrac{\theta}{2} + \sin\dfrac{3\theta}{2}\right)K_{\mathrm{II}}\right] \\ \sigma_{kr\theta} = \dfrac{1}{4\sqrt{2\pi r}}\left[\left(\sin\dfrac{\theta}{2} + \sin\dfrac{3\theta}{2}\right)K_{\mathrm{I}} + \left(\cos\dfrac{\theta}{2} + 3\cos\dfrac{3\theta}{2}\right)K_{\mathrm{II}}\right] \end{cases} \tag{4-8}$$

式中，σ_{krr}为Ⅰ、Ⅱ复合型裂隙径向应力；$\sigma_{k\theta\theta}$为复合型裂隙切向应力；$\sigma_{kr\theta}$为复合型裂隙剪切应力。

根据围岩裂隙起裂的最大周向应力准则，由式(4-8)中的第二式确定裂隙尖端切向应力达到最大时的条件为：

$$\begin{cases} \left.\dfrac{\partial \sigma_{k\theta\theta}}{\partial \theta}\right|_{\theta_0} = 0 \\ \left.\dfrac{\partial^2 \sigma_{k\theta\theta}}{\partial \theta^2}\right|_{\theta_0} < 0 \end{cases} \tag{4-9}$$

式中，θ_0为钻孔周边裂隙的临界起裂角度。

由此得到，围岩裂隙最优起裂角θ_0需满足关系：

$$\left(\sin\frac{\theta_0}{2} + \sin\frac{3\theta_0}{2}\right)K_{\mathrm{I}} + \left(\cos\frac{\theta_0}{2} + 3\cos\frac{3\theta_0}{2}\right)K_{\mathrm{II}} = 0 \tag{4-10}$$

将钻孔周边裂隙最优起裂角θ_0代入式(4-8)的第二式，得到围岩裂隙最优起裂方向上的最大周向应力为：

$$\sigma_{k\theta\theta\max} = \frac{1}{4\sqrt{2\pi r_0}}\left[\left(3\cos\frac{\theta_0}{2} + \cos\frac{3\theta_0}{2}\right)K_{\mathrm{I}} - 3\left(\sin\frac{\theta_0}{2} + \sin\frac{3\theta_0}{2}\right)K_{\mathrm{II}}\right] \tag{4-11}$$

式中，$\sigma_{k\theta\theta\max}$为钻孔周边裂隙最优起裂方向上的最大周向应力。

根据钻孔周边裂隙起裂的最大周向应力准则，从而得到围岩裂隙的起裂条件为：

$$\sigma_{k\theta\theta\max} = \sigma_{k\theta\mathrm{cri}} = K_{\mathrm{I}c}/\sqrt{2\pi r_0} \tag{4-12}$$

式中，$\sigma_{k\theta\mathrm{cri}}$为钻孔周边裂隙起裂时的临界周向应力；$K_{\mathrm{I}c}$为钻孔围岩Ⅰ型裂隙临界扩展时的岩石断裂韧度；$r_0$为钻孔周边裂隙初始长度。

联立式(4-11)与式(4-12)，最终得到煤岩钻孔内充水承压爆破条件下钻孔周边Ⅰ、Ⅱ复合型裂隙起裂判据为：

$$\left(3\cos\frac{\theta_0}{2} + \cos\frac{3\theta_0}{2}\right)K_{\mathrm{I}} - 3\left(\sin\frac{\theta_0}{2} + \sin\frac{3\theta_0}{2}\right)K_{\mathrm{II}} = 4K_{\mathrm{I}c} \tag{4-13}$$

考虑到钻孔内装药周边承压介质的均匀传载，炸药爆轰载荷会比较均匀地作用于钻孔围岩壁面上，此时钻孔周边Ⅱ型裂隙的产生量相对较少。因此，在承压爆破条件下，可以不用考虑钻孔围岩中Ⅱ型裂隙的产生与扩展，而炸药爆轰产物的后续膨胀则主要对Ⅰ型裂隙扩展行为产生作用。由此，根据式(4-10)确定Ⅰ型裂隙起裂角度为零，即钻孔围岩裂隙将在孔内承压介质的作用下沿着裂隙尖端伸展方向继续扩展。此时，钻孔围岩裂隙起裂判据式(4-13)将简化为：

$$K_{\mathrm{I}} = K_{\mathrm{I}c} \tag{4-14}$$

由于对岩石断裂韧度的获取相对困难，有学者试图建立岩石断裂韧度与其单轴抗拉强度间的关系。如长江水电科学院的实验成果 $K_{\mathrm{I}c} = 0.141\sigma_t^{1.15}$，方便了对不同岩性岩石断裂韧度的估算。

钻孔周边径向拉伸裂隙形成后，承压介质将在高温高压爆轰产物的推动下被高速“楔入”围岩径向裂隙中，对钻孔裂隙均匀加压，从而促进钻孔周边径向裂隙的进一步扩展；随着围岩裂隙扩展长度的增加，钻孔周边孔裂隙空间将不断增大，此时围岩裂隙中爆轰气体与承压介质混合物压力逐渐降低，进而导致裂隙扩展速率也不断减小，直至钻孔围岩裂隙停止继续扩展。由于装药周边承压介质的均匀传载作用，柱状装药爆炸条件下的钻孔围岩裂隙扩展行为将具有一定的相似特征，如图 4-3(a)所示。对其中一条裂隙的扩展行为进行分析，建立承压介质“楔入”情况下的裂隙扩展模型，如图 4-3(b)所示。

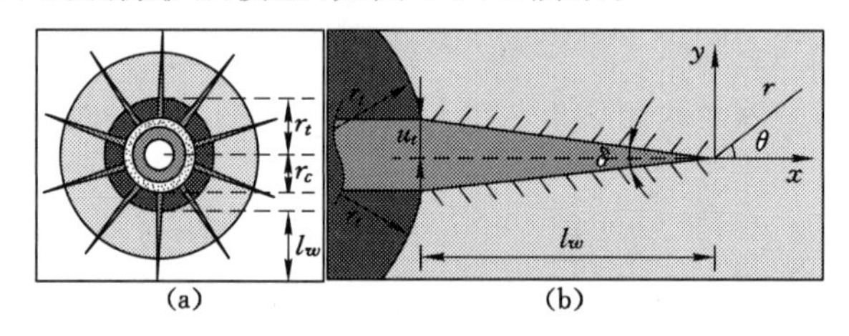

图 4-3 承压爆破裂隙扩展模型

(a) 承压爆破钻孔周边裂隙整体扩展；(b) 单个裂隙扩展几何特征

对钻孔周边的单一裂隙而言，随着裂隙扩展长度的增加，裂隙空间内的“楔入”承压介质压力有所降低，直至达到裂隙停止扩展时的终止压力。假定钻孔内承压介质的作用使得围岩裂隙最终扩展长度为 l_w，裂隙停止扩展时的终止压力为 p_w。根据前节对裂隙位移场以及裂隙扩展判据的分析，同时结合钻孔内承压介质的后续膨胀状态关系表达式(3-36)，最终得到确定围岩裂隙扩展长度的关系式为：

$$\begin{cases} u_t = \dfrac{K_{\mathrm{I}c}}{2G}\sqrt{\dfrac{l_w}{2\pi\cos\dfrac{\delta}{2}}}\cos\dfrac{\delta}{4}\left(\kappa+\cos\dfrac{\delta}{2}\right) \\ p_w = \dfrac{K_{\mathrm{I}c}}{\sqrt{2\pi l_w}} \\ \dfrac{p_{c1}}{p_w} = \left(\dfrac{s_c+n_c s_w}{s_c}\right)^k = \left[1+\dfrac{n_c u_t(2D_t+l_w)}{\pi r_c^2}\right]^k \end{cases} \tag{4-15}$$

式中，n_c为钻孔周边扩展裂隙总数；u_t为扩展裂隙根部宽度的一半；l_w为裂隙扩展长度；p_w为裂隙终止扩展时的承压介质压力；p_{c1}为围岩破碎区范围内的承压介质压力；s_c为围岩破碎区域面积；s_w为承压介质在围岩单个裂隙中的充斥面积；δ为裂隙尖端夹角。

根据前面章节的分析，对装药周边承压介质的初始膨胀压力进行求解后，式(4-15)中仍存在四个未知量(p_w、l_w、u_t、δ)，而该式三个方程却仅能确定其中任意两未知量间的关系。考虑到远区围岩裂隙尖端壁面夹角较小，因此将该夹角近似取为零，从而将确定围岩裂隙扩展长度的关系式(4-15)简化为：

$$\begin{cases} u_t = \dfrac{K_{\mathrm{I}c}}{2G}\sqrt{\dfrac{l_w}{2\pi}}(\kappa+1) \\ p_w = \dfrac{K_{\mathrm{I}c}}{\sqrt{2\pi l_w}} \\ \dfrac{p_{c1}}{p_w} = \left[1+\dfrac{n_c u_t(2D_t+l_w)}{\pi r_c^2}\right]^k \end{cases} \tag{4-16}$$

对关系式(4-16)进行求解，消去变量 p_w 与 u_t，得到关于围岩裂隙扩展长度的隐式函数关系为：

$$\left(\frac{p_{c1}\sqrt{2\pi l_w}}{K_{\mathrm{I}c}}\right)^{\frac{1}{k}} - \frac{n_c K_{\mathrm{I}c}\sqrt{l_w}(\kappa+1)(2D_t+l_w)}{2\sqrt{2\pi}G\pi r_c^2} = 1 \tag{4-17}$$

由于式(4-17)的结构形式较为复杂，难以显式给出围岩裂隙终止扩展长度的解析表达式。因此，考虑采用图形分析的方法对钻孔围岩裂隙在承压介质膨胀压力作用下的扩展特征进行求解。这里以砂质围岩条件为例，假定砂岩抗拉强度为 24 MPa，泊松比为 0.25，弹性模量为 41 GPa，代入式(4-17)中进行图形求解，得到直径为 45 mm 时的钻孔围岩裂隙扩展特征，如图 4-4 所示。

由图 4-4 可以看出，裂隙条数较多条件下的钻孔围岩起裂需要承压水具有更高的初始膨胀压力；围岩裂隙产生数量一定条件下，裂隙终止扩展长度将随着承压水初始膨胀压力的增加而增大，且钻孔周边裂隙条数越多，承压水初始膨胀压力变化率越小。从能量守恒的角度来看，该结果是显然的，因为较少的围岩裂隙空间内将分得更多的裂隙扩展动能，使得围岩裂隙以更高的速率扩展。相反，

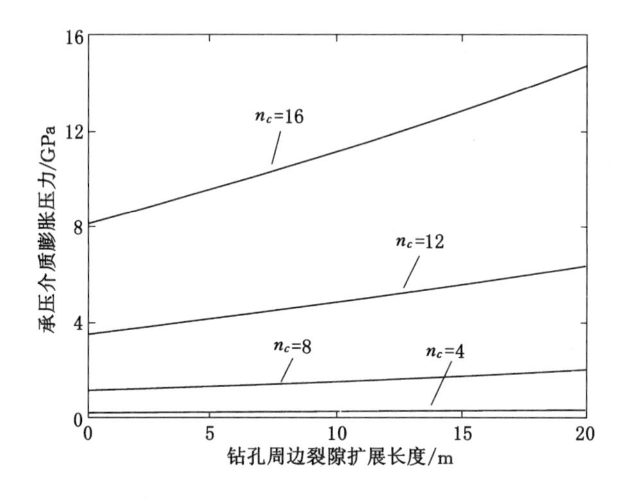

图 4-4　承压介质膨胀压力对裂隙扩展的影响

围岩裂隙条数越多,单条裂隙分担的扩展动能相对较少,裂隙扩展速率也有所降低。同理,相同的承压水初始膨胀压力将导致裂隙条数较少的围岩裂隙终止扩展长度相对较大。可见,钻孔围岩承压爆破控制技术中,若能采取相关的技术措施实现钻孔间裂隙的定向扩展,而限制非主要方向裂隙的产生,可提高孔内承压水对围岩裂隙的扩展作用,延长围岩裂隙终止扩展长度,实现以较长孔间距达到较好的围岩定向导通效果,减少钻孔施工量,节约技术经济成本。

4.3　小　　结

采用理论分析方法对承压介质中冲击波传播规律及承压(定向)爆破破岩机理进行了全面分析,得到以下具体结论:

(1) 煤岩钻孔内充水承压爆破是孔内炸药爆炸引发的冲击波和应力波先导破岩联合孔内承压水后续膨胀挤压共同致裂破岩的结果。孔内炸药爆炸激发的冲击波经孔内承压水瞬间传播作用于孔壁围岩近区,产生大量压性裂纹。冲击波进一步衰减为应力波,诱发拉性裂纹的产生,并连通压性裂纹区,形成更大范围的波动载诱发型裂纹区。

(2) 钻孔内承压水介质在炸药爆轰气体产物膨胀挤压作用下,楔入波动载诱发型裂纹空间,并借助裂隙水基质的动压耦合传载路径,动静载联合作用,实现围岩裂隙的增裂扩展。

(3) 伴随爆炸能量的衰减,裂隙围岩体积收缩,释放部分存储的弹性能,导致围岩环向裂隙的产生，并进一步连通原有径向裂隙群组，形成孔壁围岩更大范围的裂隙贯通区域。

（4）建立了煤岩钻孔内充水承压爆破过程中孔内承压水"楔入"裂隙挤压增裂的力学模型。在裂隙条数较多条件下，围岩起裂需要承压水具有更高的初始膨胀压力；裂隙产生数量一定条件下，裂隙终止长度将随着承压水初始膨胀压力的增加而增大，裂隙条数越多，承压水初始膨胀压力变化率越小。

5　钻孔内充水承压定向爆破控制原理

岩土工程定向爆破研究对于工程实际应用具有重大意义。已积累的大量岩石定向爆破资料已使人们能定性地，在某些方面甚至能定量掌握炸药爆炸作用对岩石的定向破坏作用机理，但由于高应变率动载作用下的岩石力学行为相对复杂，对于炸药爆炸动载作用下的岩石定向爆破问题还有待于进一步研究。

前述章节研究指出，煤岩钻孔内充水承压爆破可以显著提高钻孔内炸药爆炸能量的有效利用，实现较大炮孔间距条件下的良好定向爆破控制效果，减小煤岩钻孔施工量，提高矿井预裂控制技术经济效益。这里，一方面通过在围岩内预先打设空孔，实现围岩裂隙的定向扩展与贯通；另一方面通过利用割缝药管的岩石定向爆破实现炸药能量的集中有效利用，提高钻孔内炸药爆轰产物与装药周边介质的后续膨胀扩孔作用。

5.1　钻孔内充水承压爆破空孔导向原理

研究指出，当距煤岩空孔留设位置一定距离的相邻装药孔内炸药起爆后，炸药爆炸高能量将在其临近空孔周边形成相对均匀的钻孔围岩应力。此时，煤岩留设空孔将在围岩均载作用下开始起裂，并逐渐与其相邻装药孔周边的主裂隙贯通，实现空孔周边定向裂隙的优势扩展，以达到煤岩内空孔导向条件下的煤岩定向预裂控制效果。煤岩内导向孔存在条件下的围岩裂隙扩展特征，如图 5-1 所示。

由图 5-1 可以看出，欲实现煤岩内空孔的良好导向效果，合理的煤岩孔间距应为导向空孔的起裂长度与装药孔承压爆破主裂隙扩展长度之和。前面章节已经给出了钻孔承压爆破条件下的围岩裂隙扩展尺寸计算方法，因此这里主要针对煤岩内导向孔的存在情况，探讨相邻装药孔承压爆破下的导向孔周边裂隙扩展特征。

已知煤岩装药孔爆破后的应力传播规律满足关系式(4-1)。随着应力波在远距离传播过程中的快速衰减，当装药孔爆炸应力波传播至远距离导向空孔位置时，空孔周边围岩应力已基本达到均载状态。此时，均载作用下的空孔周边围

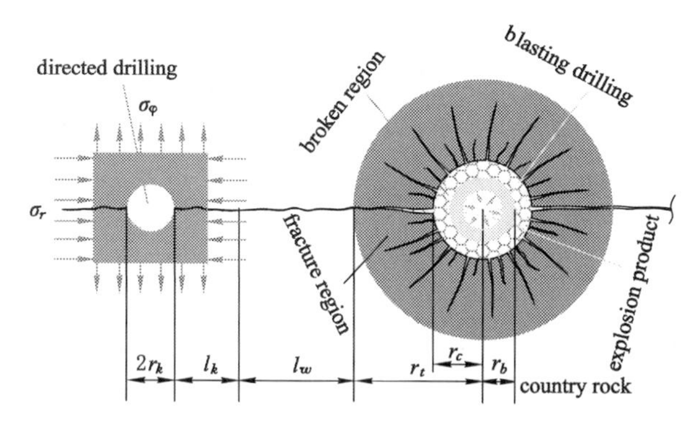

图 5-1　导向孔存在条件下的围岩裂隙扩展特征

岩应力将为：

$$\begin{cases}\sigma_{rr}=\dfrac{\sigma_r+\sigma_\varphi}{2}\left[1-\left(\dfrac{r_k}{r}\right)^2\right]+\dfrac{\sigma_r-\sigma_\varphi}{2}\left[1-4\left(\dfrac{r_k}{r}\right)^2+3\left(\dfrac{r_k}{r}\right)^4\right]\cos 2\varphi\\ \sigma_{\varphi\varphi}=\dfrac{\sigma_r+\sigma_\varphi}{2}\left[1+\left(\dfrac{r_k}{r}\right)^2\right]-\dfrac{\sigma_r-\sigma_\varphi}{2}\left[1+3\left(\dfrac{r_k}{r}\right)^4\right]\cos 2\varphi\\ \sigma_{r\varphi}=\dfrac{\sigma_\varphi-\sigma_r}{2}\left[1+2\left(\dfrac{r_k}{r}\right)^2-3\left(\dfrac{r_k}{r}\right)^4\right]\sin 2\varphi\end{cases}\tag{5-1}$$

式中，σ_{rr}、$\sigma_{\varphi\varphi}$分别为空孔围岩径向与切向应力；$\sigma_{r\varphi}$为空孔围岩剪应力；φ为围岩极坐标夹角。

同样采用最大周向应力断裂准则作为钻孔周边围岩的起裂判据，并根据式(5-1)中第二式对空孔周边围岩最大切向应力进行求解，从而得到空孔周边最大切向应力判定条件为：

$$\begin{cases}\left.\dfrac{\mathrm{d}\sigma_{\varphi\varphi}}{\mathrm{d}\varphi}\right|_{\varphi_0}=0\\ \left.\dfrac{\mathrm{d}^2\sigma_{\varphi\varphi}}{\mathrm{d}\varphi^2}\right|_{\varphi_0}\leqslant 0\end{cases}\tag{5-2}$$

式中，φ_0为空孔围岩最大切应力存在方向。

将式(5-1)中的第二式与式(5-2)进行联立求解，从而判定围岩空孔周边最大切向应力将同时出现在 $\varphi_0=0$ 以及 $\varphi_0=\pi$ 位置处。即，围岩空孔将会率先沿着煤岩钻孔连线方向开始起裂，进而实现围岩裂隙的优势扩展，满足煤岩定向预裂控制的要求。将空孔围岩最大切向应力的方向角代入式(5-1)中的第二式，得到煤岩钻孔连线方向上的空孔周边最大切向应力值为：

$$\sigma_{\varphi\varphi}\big|_{\max}=3\sigma_\varphi+\sigma_r\tag{5-3}$$

式中，$\sigma_{\varphi\varphi}\big|_{\max}$ 为钻孔连线方向上的空孔周边最大切向应力值。

由于煤岩内空孔位置相距装药孔较远，当装药孔内爆炸动载传播至空孔位置时，动载强度已基本衰减至接近围岩静载强度。此时，对于导向孔周边裂隙的扩展分析，可以不用再考虑岩石动载效应的影响。同时，鉴于岩石多归属于硬脆性材料，岩石抗拉强度一般远小于其抗压强度，因此当导向孔周边围岩切向应力达到其岩石极限抗拉强度时，围岩壁面将率先产生拉破坏裂隙，进而沿钻孔连线方向继续扩展。由于煤岩内钻孔连线方向即为导向孔主裂隙的优势扩展方向，因此根据式(5-1)中的第二式确定围岩内钻孔连线方向上的切应力为：

$$\sigma_{\varphi\varphi}\big|_{\varphi_0=0\mathrm{or}\pi}=\frac{\sigma_r+\sigma_\varphi}{2}\left[1+\left(\frac{r_k}{r}\right)^2\right]-\frac{\sigma_r-\sigma_\varphi}{2}\left[1+3\left(\frac{r_k}{r}\right)^4\right] \tag{5-4}$$

式中，$\sigma_{\varphi\varphi}\big|_{\varphi_0=0\mathrm{or}\pi}$ 为钻孔连线方向上的围岩切应力。

根据岩石的脆性拉破坏特点，当煤岩切向应力高于岩石极限抗拉强度时，由于空孔效应的影响，将导致空孔周边围岩率先沿钻孔连线方向产生拉破坏，直至围岩裂隙尖端切向应力值小于岩石极限抗拉强度时，空孔周边裂隙将停止扩展。因此，选择岩石的极限抗拉强度作为煤岩空孔周边裂隙扩展判据，同时结合式(5-4)，从而得知钻孔连线方向上的空孔围岩裂隙扩展长度可由以下关系式确定：

$$3(\sigma_r-\sigma_\varphi)X^2-(\sigma_r+\sigma_\varphi)X+2(\sigma_t-\sigma_\varphi)=0 \tag{5-5}$$

其中：

$$X=r_k^2/(r_k+l_k)^2$$

式中，l_k 为钻孔连线方向上的空孔围岩裂隙扩展长度；X 为中间变量。

对方程(5-5)进行求解，得到空孔围岩裂隙的最终扩展长度为：

$$l_k=\left[\sqrt{\frac{6(\sigma_r-\sigma_\varphi)}{(\sigma_r+\sigma_\varphi)+\sqrt{(\sigma_r+\sigma_\varphi)^2-24(\sigma_r-\sigma_\varphi)(\sigma_t-\sigma_\varphi)}}}-1\right]r_k \tag{5-6}$$

将装药孔内炸药爆炸在围岩中激起的应力表达式(4-1)代入式(5-6)，同时结合相关的岩石物理力学参数(见表 4-1)，由此得到不同岩性条件下的空孔围岩裂隙最终扩展长度，如图 5-2 所示。

由图 5-2 可知，与高强度冲击波条件下破岩规律恰恰相反，静载作用下的空孔围岩裂隙扩展长度将随着岩石硬度的增加而逐渐减小。产生该现象的主要原因是硬岩抗拉强度相对较高，同样强度静载作用下的硬岩裂隙扩展条件门槛值也相应提高，因此岩石静载作用下的裂隙扩展能力相对有限；而动载作用条件下的软弱松散岩石强度虽然也有一定程度的提高，但其对高强度冲击波的能耗却远高于硬岩条件，从而导致高强度的冲击载荷对软弱松散岩石的破裂反不如硬岩条件下的围岩破裂效果。从图 5-2 还可以看出，静载作用下的不同岩性围岩裂隙扩展长度基本在孔半径尺寸的 2.5 倍左右。

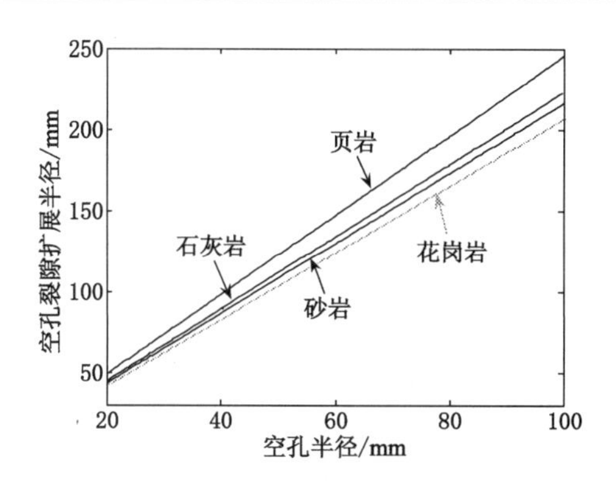

图 5-2 不同岩性下的空孔围岩裂隙扩展长度

5.2 钻孔内充水承压爆破割缝管定向原理

割缝管中炸药爆轰产生的高压产物将首先沿着药管切缝连线方向冲击炮孔壁面，在周边炮孔上产生塑性压缩核，形成初始导向裂隙；在炮孔其他方向，由于割缝管体的载荷阻尼与时间延滞作用，导致钻孔围岩壁面的受力相对滞后。当钻孔壁面初始导向裂隙形成后，炸药爆轰产物在钻孔中做等熵膨胀，并以静载形式作用于孔壁导向裂隙。此时，裂隙在高压爆轰产物压缩作用下具备优势扩展条件，抑制了钻孔其他方向裂隙的起裂、扩展与贯通，实现了定向预裂控制围岩的目的。

5.2.1 钻孔内割缝管水平定向机理

通过采用带有中间割缝的钢管，并对其两端采取同时起爆的方法，可以实现煤岩钻孔内充水承压爆破水平定向的控制目的。炸药管两端同时起爆后，爆轰波将沿管轴线传播，同时到达药管中间割缝位置，完成了高强度冲击波的正碰，在药管割缝周边形成了更高强度的爆炸冲击载荷，产生了钻孔水平初始导向裂隙，实现了水平裂隙能在爆轰产物的后续膨胀作用过程中进行优势扩展的目的。煤岩钻孔内充水承压爆破水平定向割缝管及其作用机制，如图 5-3 所示。

由图 5-3 可以看出，当割缝药管两端同时起爆后，激起的冲击波将在药管中间割缝位置实现正碰，此时该处介质质点速度归零，炸药爆轰压力却明显增强。因此，炸药两端爆轰波在药管中部的正向碰撞，相当于冲击波对刚性壁面的撞击。此时，在刚性壁面反射冲击波后的质点速度为零条件下，根据式(3-42)可知，反射冲击波后爆轰产物压力可由以下方程求解：

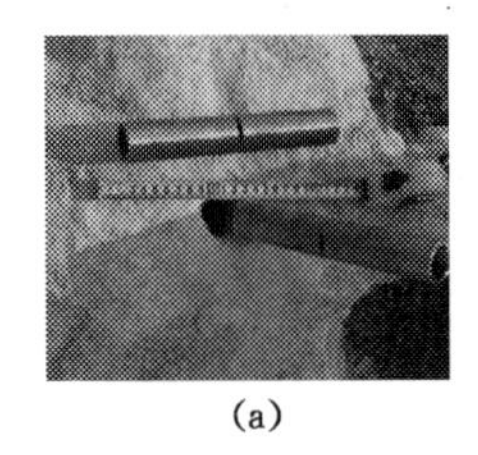

(a)

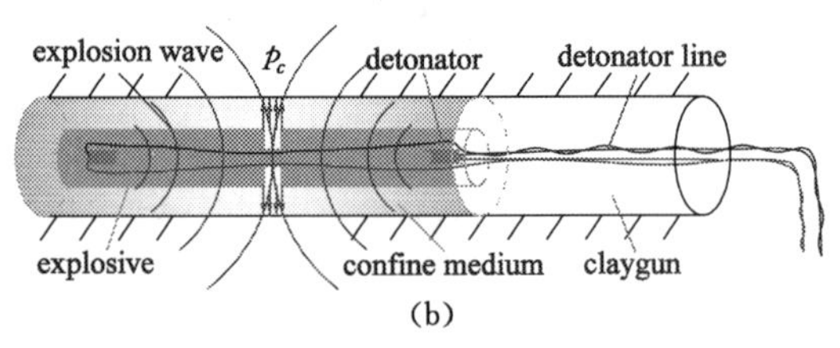

(b)

图 5-3　水平定向割缝管及其作用机制

(a) 水平定向割缝管；(b) 割缝管水平定向机制

$$\frac{p_f}{p_b}-\sqrt{\frac{k+1}{2k}\frac{p_f}{p_b}+\frac{k-1}{2k}}-1=0 \tag{5-7}$$

考虑到刚性壁面反射波后爆轰产物压力相对较大，此时有 $p_f/p_b>1$。因此，对方程(5-7)进行求解后，得到刚性壁面反射冲击波后的爆轰产物压力为：

$$p_f=\frac{5k+1+\sqrt{17k^2+2k+1}}{4k}p_b \tag{5-8}$$

根据式(5-8)，得到冲击波在刚性壁面反射后的爆轰产物压力增长系数 p_f/p_b 与产物膨胀指数 k 间的关系，如图 5-4 所示。

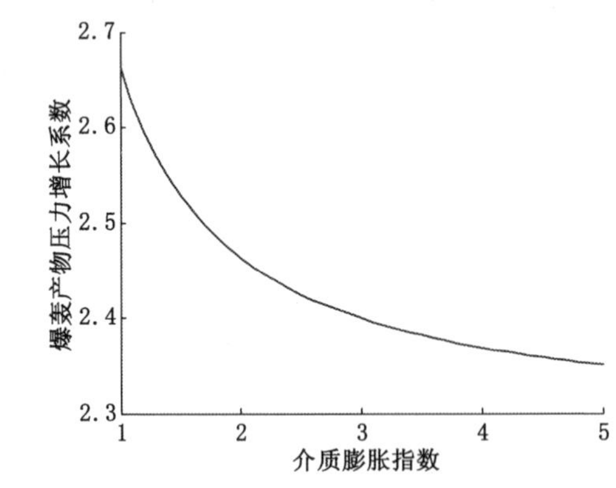

图 5-4　刚性壁面反射冲击波后的压力增长特征

由图 5-4 可知，水平割缝管两端炸药同时起爆后，高强度的爆轰波在药管中部实现正碰后的产物压力至少在原始爆轰压力的 2 倍以上。可见，通过采取对中部割缝药管两端炸药同时引爆，以实现高强度爆轰波在药管割缝位置的正碰，提高爆轰冲击载荷破岩导向作用的药管水平割缝定向预裂围岩控制技术是可行的。同时，管内爆轰波正碰后的产物压力将随着介质膨胀指数的增加而逐渐趋于降低，相对气态物质膨胀指数而言，固、液态介质爆轰膨胀指数一般相对较高，因此对于气态爆轰产物后的爆轰压力反而有所提高，但由于爆轰气体极易压缩，较高的爆轰产物压力大部分将用于对气体产物的压缩做功，用于对围岩破裂导向的爆轰能量利用率则相对较小。可见，选择具有较高膨胀指数的爆轰介质，既有利于提高炸药爆炸对钻孔围岩的破岩导向作用，同时又能避免爆轰能量过度用于对产物的压缩做功而不断消耗。

5.2.2　钻孔内割缝管垂直定向机理

钻孔承压爆破条件下的垂直割缝管定向技术将遵循同样的定向断裂破岩机理。首先，高压爆轰产物沿割缝管切缝连线方向冲击装药周边承压介质，在介质内形成高强度的冲击波；其次，冲击波经由承压介质传播再次撞击钻孔壁面，在围岩内激起相应强度的岩石冲击波；最后，由于岩石冲击波的压缩破碎作用，在钻孔壁面上将产生具有一定尺寸的塑性压缩核，在钻孔周边形成垂向初始裂隙。同时，考虑到钻孔装药周边承压介质的均匀传载作用，爆轰产物后续膨胀压力将以更均匀、更高效的形式作用于钻孔围岩壁面以及初始导向裂隙尖端，此时承压介质存在条件下的“水楔”破岩成效将明显高于空气介质存在时的“气楔”作用效果。煤岩钻孔内充水承压爆破垂直定向割缝管及其定向控制机制，如图 5-5 所示。

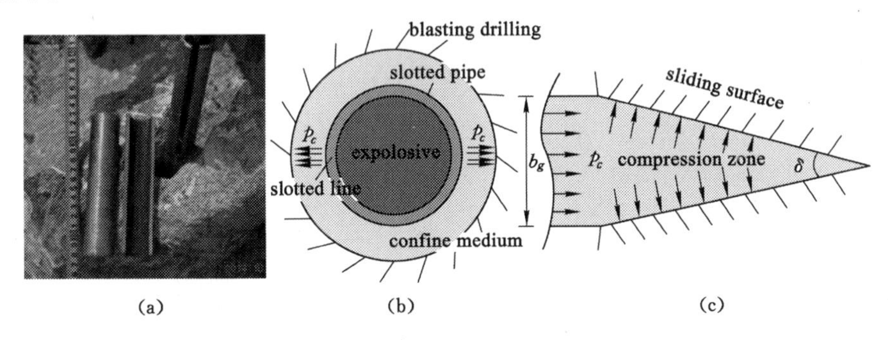

图 5-5　垂直定向割缝管及其定向机制

(a) 垂直定向割缝管；(b) 垂直割缝管装药截面；(c) 割缝管垂直定向机制

由图 5-5 可以看出，爆轰管内炸药引爆后，由于割缝管的惯性以及时间延滞效应，管内炸药爆轰压力将率先在药管割缝周边承压介质内激起高强度的冲击波，穿过承压介质层冲击碰撞药管割缝近区的钻孔围岩壁面，产生一定尺寸的围岩塑性压破坏区，形成钻孔围岩垂直导向裂隙。研究表明，割缝管垂直定向爆破条件下，沿割缝管切缝连线方向的钻孔围岩裂隙壁面间的夹角为：

$$\delta = \frac{\pi}{2} - \psi \tag{5-9}$$

式中，ψ 为围岩内摩擦角。

根据图 5-5(c)所示的钻孔围岩导向裂隙几何特征，可以确定炮孔周边围岩初始导向裂隙长度与炸药割缝管切缝宽度间的关系满足：

$$l_0 = \frac{b_g}{2}\cot\frac{\delta}{2} \tag{5-10}$$

式中，l_0为钻孔围岩导向裂隙初始长度；b_g为割缝管切缝宽度。

钻孔周边垂直导向裂隙形成后，炸药爆炸产物的后续膨胀压力将促进钻孔围岩沿导向裂隙方向进行优势扩展，且在钻孔内承压介质与爆轰产物的共同膨胀挤压作用下，当围岩裂隙扩展一定长度后，裂隙壁面尖端夹角将同样逐渐趋于零，此时对割缝管垂直定向承压爆破条件下的围岩裂隙扩展特征仍可按照前述章节提供的方法进行分析。

5.3 小　　结

采用理论分析方法，分别对空孔和割缝管存在条件下的煤岩钻孔内充水承压定向爆破机理展开了分析，得到以下具体结论：

(1) 建立了导向孔存在条件下的煤岩钻孔内充水承压定向爆破力学模型。研究指出，静载作用下的孔壁围岩裂隙扩展长度将随着岩石硬度的增加而逐渐减小，而动载作用条件下高强度的冲击载荷对软弱松散岩石的破裂反不如硬岩破裂效果。

(2) 分析了割缝管存在条件下的煤岩钻孔内充水承压水平定向爆破机制。研究指出，实现管内爆轰波在水平割缝位置的正碰，是取得良好水平定向爆破效果的关键，且选择具有较高膨胀指数的爆轰介质，也有利于提高炸药爆炸对孔壁围岩的破岩导向作用。

(3) 分析了割缝管存在条件下的垂直定向爆破机制。研究指出，割缝管割缝尺寸合适比例选取决定着垂直定向爆破的成败，影响着具备优势导向作用的孔壁塑性压缩核的形成，是煤岩钻孔内充水承压爆破取得良好垂直定向效果的关键。

6　煤岩钻孔内充水承压爆破技术实践

作为国内外最具典型的坚硬难冒顶板代表，坚硬顶板条件下的煤矿安全高效生产一直是大同矿区所要解决的主要难题之一。多年来，大同矿区一直致力于坚硬顶板的有效控制技术研究，提出了多种解决方案，取得了众多研究成果，积累了丰富的坚硬顶板控制技术与经验。但是，由于矿井生产环境的复杂性，实际生产中总要面临一些新的难题与挑战，而新问题的出现往往又是传统技术难以及时突破的，因此亟待需求新技术与新产品的产生，从而不断完善矿井复杂生产条件下的围岩控制技术体系。伴随大同矿区煤层开采深度的增加，石炭系特厚煤层逐渐成为矿区目前的主要开采层。这里将分别以大同矿区石炭系特厚煤层已生产面(8105 工作面)和待采面(8939 工作面)生产条件为背景，在总结分析已生产面强矿压显现特征的基础上，提出并实施改进型的坚硬煤岩钻孔内充水承压爆破控制技术，保证大同矿区特厚煤层待采工作面的安全高效生产。

6.1　煤岩赋存概况与强矿压显现特征分析

大同矿区石炭系与侏罗系煤层间赋存有厚度为 150～350 m 的砂质硬岩。生产实践表明，随着特厚煤层工作面的推进与采场大空间的形成，煤层上覆坚硬顶板活动常常给工作面生产带来一定强矿压影响。因此，在合理提出坚硬厚层顶板控制措施前，首先对特厚煤层生产条件和采场强矿压显现特征进行归纳分析。

6.1.1　已采面地质和支护条件

大同矿区侏罗系煤层开采已日趋完毕，目前，石炭系厚及特厚煤层成为矿井主要的开采对象。矿区双系煤层间广泛分布着细粒砂岩、煤层、粉砂岩、中粒砂岩、砾岩、砂质泥岩，其中，砂质岩性岩层占 90%～95%，泥岩与煤层仅占 5%～10%。

大同矿区某矿石炭系 3-5# 煤层 8105 工作面东部为实体煤区；北部濒临 8106 工作面采空区；西部掘有三条盘区大巷；南部为 8104 工作面，现正掘进回采巷道，如图 6-1 所示。

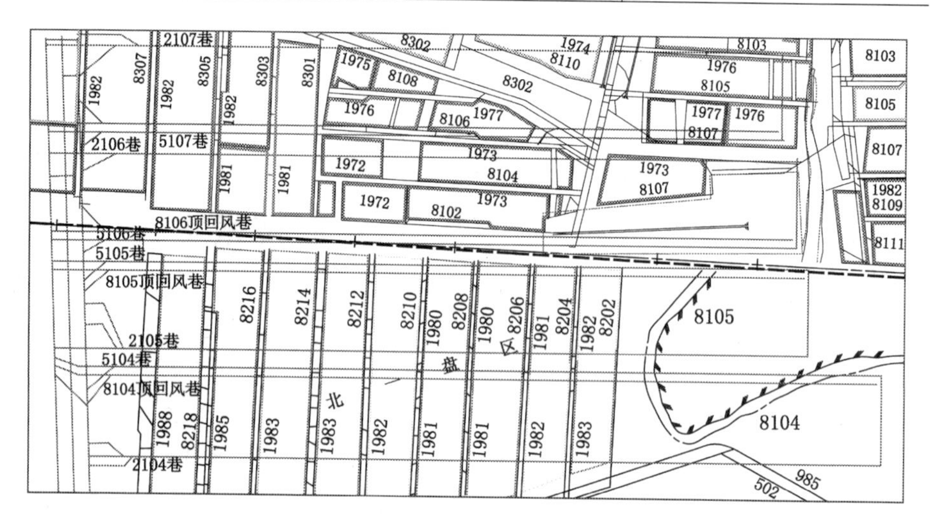

图 6-1　某矿 8105 已采面平面布置

8105 工作面煤层厚度 13.12～22.85 m，平均 16.85 m，煤层倾角 1°～3°，平均 2°，煤层结构复杂，裂隙发育，易塌落；基本顶为中细砂岩、含砾粗砂岩，直接顶为粗砂岩，直接底为泥岩与粉砂岩互层；采用一次采全高放顶煤开采工艺，机采高度 3.9 m，放煤厚度 11.59 m，放煤步距为 0.8 m。8105 已采面顶底板岩性，如表 6-1 所示。

表 6-1　　已采面煤层顶底板赋存条件

类别	岩石名称	厚度/m	岩性特征
基本顶	粉细砂岩及含砾粗砂岩	$\frac{1.88\sim29.11}{11.39}$	灰白色含砾粗砂岩，以石英为主，次为长石、云母及暗色矿物，次棱角状，分选性差，结构较坚硬
直接顶	粉砂岩与碳质泥岩	$\frac{0.46\sim9.26}{3.35}$	粉砂岩：具水平层理，夹有煤屑；碳质泥岩：块状，易污手，含植物茎叶化石
直接底	泥岩	$\frac{1.67\sim2.44}{1.94}$	黑灰色，块状，质疏松易碎，含少量粉砂岩

8105 工作面支架型号为 ZF15000/27.5/42 型支撑掩护式低位放顶煤液压支架，采高 4.2 m，中心距 1.75 m。生产实践表明，在工作面正常生产过程中，高强度液压支架工作阻力得到了充分利用，发挥了较好的顶板控制效果。工作面 5105 巷呈矩形断面，净宽度 5.3 m，净高度 3.6 m，并采用锚杆＋锚索＋金属网进行支护。8105 工作面支架与临空巷道支护形式，如图 6-2 所示。

8105 工作面头部端头采用两架端头架与一架过渡架维护头部安全出口位

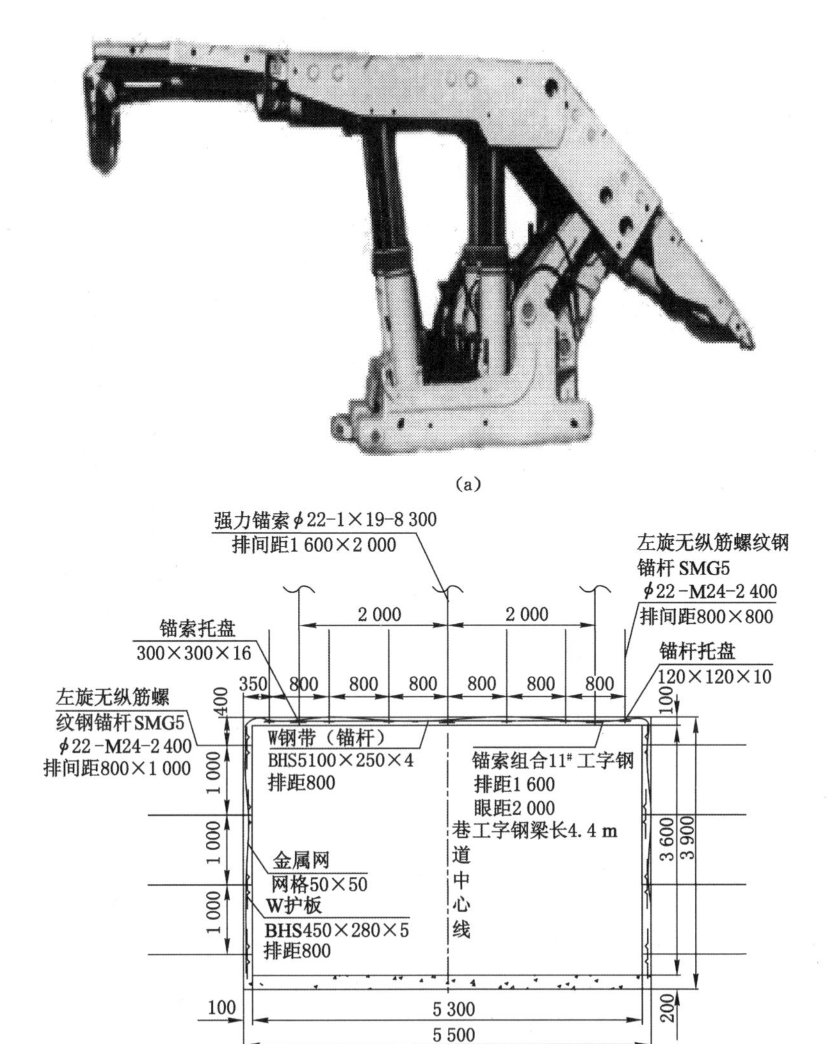

图 6-2　工作面支架类型与临空巷支护形式

(a) 工作面液压支架；(b) 工作面临空巷支护形式

置顶板，尾部端头采用两架过渡架配合单体柱加Π型金属顶梁维护尾部安全出口位置顶板；尾部支架距煤壁大于 2.0 m 时，支设排距为 1.0 m 的单体柱两排，柱距为 1.2 m；回采巷道超前支护段内，分别在距两侧煤帮 0.5 m 的位置支设单体支柱，同时在巷道顶板下沉量较大位置处补打木垛；工作面区段留设煤柱宽度为 35 m。

6.1.2 已采面采场强矿压显现

现场实践表明，8105 工作面端头范围（工作面、回采巷道及采空区交界处）5105 临空巷内的矿压显现明显，来压强度相对较高，巷道顶板下沉、底鼓、帮鼓严重，混凝土浇筑底板被顶起、折断，车辆无法通行；巷道表面混凝土喷层开裂、掉落，煤壁片帮严重；局部区域顶板钢带变形严重，锚杆被拉断。5105 临空巷强矿压显现特征，如图 6-3 所示。

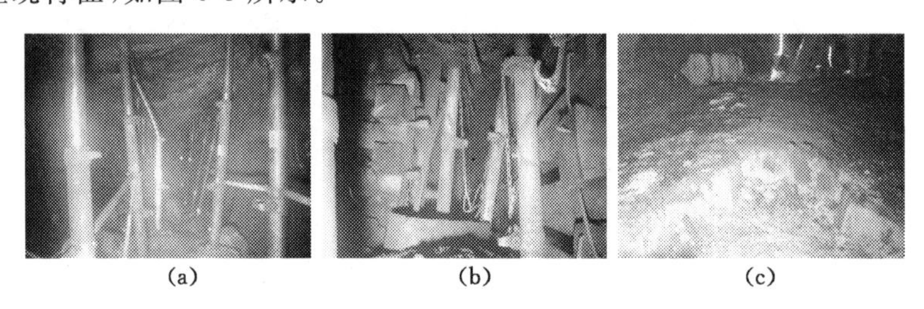

(a) (b) (c)

图 6-3 工作面 5105 巷道强矿压显现

(a) 巷道支架折损；(b) 巷道顶板剧烈下沉；(c) 巷道严重底鼓

8105 工作面开采过程中，5105 巷超前支护段共发生 8 次较强烈冲击性来压，如表 6-2 所示。

表 6-2 已采面 5105 巷强矿压显现统计

来压次序	时间	采位/m	冲击来压有无	应力集中范围/m	应力集中系数	顶板下沉量/m	底鼓量/m	单体柱损坏量/根	鼓帮量/m	浆皮脱落情况
1	2012.11.13 夜班	155.2	有	20	2.8	0.5	0.3～0.4	33	0.5	裂开
2	2012.11.21 中班	214.5	有	35	2.4	0.3～0.5	0.4	26	0.4	裂开
3	2012.12.30 中班	442.8	有	28	2.6	0.6～0.8	0.5	30	0.5	裂开
4	2013.01.14 晚班	556	有	22	2.0	0.3	0.2～0.3	1	0.2	裂开
5	2013.01.27 早班	635	有	11	1.6	0.1～0.3	0.1～0.2	倾倒 50	0.1	裂开
6	2013.02.13 早班	736	有	10	1.8	0.1	0.2～0.3	无	0.2	裂开

续表 6-2

来压次序	时间	采位/m	冲击来压有无	应力集中范围/m	应力集中系数	顶板下沉量/m	底鼓量/m	单体柱损坏量/根	鼓帮量/m	浆皮脱落情况
7	2013.03.18 中班	951	有	40	1.7	0.3	0.5～1.0	倾倒 10	0.4	裂开
8	2013.03.29 晚班	1 012.4	有	40	2.5	0.3～0.5	0.5～0.8	13	0.5	裂开

由图 6-3 及表 6-2 可知，大同矿区某矿石炭系煤层 8105 工作面开采期间，5105 临空巷强矿压显现特征包括：

(1) 5105 巷强矿压显现频繁出现于工作面端头内，导致煤壁片帮、巷道变形及单体支柱折损严重；而对于 5105 巷超前支护段以外的区域，煤岩则相对稳定，巷道变形不明显。

(2) 工作面端头高应力导致区段煤柱压缩量急剧增加，煤柱侧单体支柱受力较大，支柱倾倒、弯曲、折损现象频繁出现。

(3) 端头内巷道顶板下沉量较大(0.1～0.8 m)，巷道两侧壁面鼓帮严重(0.1～0.5 m)，两帮加强支护木垛向巷道中心位置偏移，内挤量最大可达 1.0 m 左右，导致巷道有效断面明显减小，影响巷道正常使用。

(4) 端头内巷道底鼓变形量相对较大(0.1～0.8 m)，局部地区严重底鼓致使回采巷道不可用；巷道需进行二次起底及补打锚杆、锚索，加大了维修工程量，增加了巷道掘进与支护成本。

(5) 实测分析得到工作面端头内的煤岩体应力集中范围较大(11～40 m)，应力集中程度相对较高，应力集中系数达到 1.6～2.8。

(6) 端头内巷道围岩变形失稳过程中常伴有低强度的“闷墩”声响，说明在端头高应力条件下，巷道来压具有一定的强矿压冲击特性。

综上所述，特厚煤层工作面顶板完整坚硬条件下，采空区顶板不能及时垮断，随着工作面的推进，顶板悬梁弯曲下沉，易造成工作面煤体内的高应力集中，且顶板悬露长度越大，活动程度越剧烈，煤体支承压力集中程度也越高，是造成特厚煤层采场强矿压显现的重要原因。因此，加强特厚煤层采场覆岩控制，采取适当措施超前预裂工作面坚硬顶板，破坏原完整坚硬顶板结构，改善工作面煤体受力环境，将是缓解工作面采场强矿压显现的有效途径之一。

6.1.3 待采面开采条件及顶板预控

大同矿区某矿 8939 待采工作面是一次采全高综采放顶煤工作面。工作面地面标高 1 303.5～1 331.0 m，井下标高 956～998 m。可采走向长度 1 227.8 m，工作面长度 94.5 m。煤层厚度 5.2～8.9 m，平均 7.2 m，采煤平均高度 3 m。煤层结构简单，赋存稳定，煤层倾角 1°～9°，平均 3°。待采工作面煤层顶底板岩性特征见表 6-3。

表 6-3　　待采工作面煤层顶底板岩性

序号	岩性	厚度	密度/(kg/m³)	抗压强度/MPa	抗拉强度/MPa	弹性模量/GPa	内聚力/MPa	内摩擦角/(°)	泊松比
11	细砂岩	10.3	2 534	55.2	7.8	25.4	15.7	47	0.10
10	中粗砂岩	10.0	2 526	39.5	7.0	14.3	6.8	31	0.17
9-4	中粉砂岩	20.0	2 575	40.6	7.0	18.3	9.6	37	0.24
9-3		30.0	2 575	40.6	7.0	18.3	9.6	37	0.24
9-2		10.0	2 575	40.6	7.0	18.3	9.6	37	0.24
9-1		10.5	2 575	40.6	7.0	18.3	9.6	37	0.24
8	中粗砂岩	10.9	2 526	39.5	7.0	14.3	6.8	31	0.17
7-2	砂质泥岩	20.0	2 595	42.5	5.2	23.4	5.5	33	0.22
7-1		5.0	2 595	42.5	5.2	23.4	5.5	33	0.22
6	泥岩	9.6	2 654	34.8	4.8	21.5	4.9	34	0.25
5	粉砂岩	7.0	2 747	40.1	5.6	23.6	8.5	31	0.18
4	岩浆岩	5.7	2 747	90.5	10.7	40.6	16.5	50	0.10
3	碳质泥岩	4.6	2 728	26.4	4.0	23.4	5.5	33	0.22
2	8939 煤层	7.2	1 426	16.5	2.6	2.8	9.5	30	0.32
1	高岭岩	5.0	2 595	42.5	5.2	23.6	8.5	31	0.18

可见，大同矿区 8939 待采面顶板赋存特性基本与 8105 已采面顶板条件类似。鉴于 8105 已采工作面采场矿压显现特征，为保证矿区 8939 待采面回采期间顶板的稳定和工作面采场的正常来压，工程实践中应采取相应的顶板辅助控制措施。例如，生产中经常采用的常规超前预裂爆破、水压致裂以及钻孔卸压等相关控制技术，在相应条件下均可以取得良好的采场围岩控制效果。但是，对于综放开采条件下的顶板控制，由于开采环境的特殊性（煤层厚、钻孔深、易塌孔、含瓦斯等），采用常规措施将难以达到良好的围岩控制目的，因此这里提出采用煤岩钻孔内充水承压爆破技术对坚硬煤岩进行预裂控制，克服煤岩深孔装药困难。与现有技术相比，煤岩钻孔内充水承压爆破技术具有以下优点：

(1) 通过预设钻孔内水介质的压力改变炸药爆炸性能，充分赶出孔裂隙内空气介质，提高炸药爆炸能量利用率；

(2) 对于厚度较大、岩性较硬的顶板岩层，钻孔内炸药分段安置，炸药爆炸冲击波阵面多次作用于钻孔围岩，保证坚硬煤岩的充分松动与弱化；

(3) 钻孔内炸药爆炸后，承压水介质的扩容对围岩进一步松动破坏，导致工作面顶板特定布置方式钻孔间孔裂隙广泛贯通，扩大顶板整体松动弱化控制范围；

(4) 炸药于钻孔装药周边水介质环境中爆炸，降尘、降温效果好，有害气体生成量也相对较少。

6.2 坚硬煤岩钻孔内充水承压爆破技术实施

为了避免 8939 工作面综放开采后的长跨距坚硬顶板突然破断失稳对大空间采场造成强矿压影响，需预先做好厚煤层坚硬顶板的爆破预裂工作，降低坚硬顶板完整性，减小支架上方坚硬顶板悬露长度，控制顶板活动对采场矿压的影响。

6.2.1 煤岩钻孔内充水承压爆破参数确定

6.2.1.1 钻孔内装药周边传爆介质的选择

生产实践中，以水作为钻孔内炸药的传爆介质时，为了能实现传爆介质与炸药以及围岩波阻抗之间的匹配，通常需要在水介质中辅助添加一些密度较大的重物质，如细沙、泥浆、矸石粉末颗粒、铁粉等，甚至以岩盐混合液作为纯净水介质的替代，以增加钻孔内承压介质的密度，间接提高介质波阻抗，实现装药周边承压介质较好的传载效果。对于水介质而言，通常需视介质中添加物颗粒的大小，进而采用适当的压力(0.5～5 MPa)将其压入孔内与围岩孔裂隙中，一方面使得钻孔中承压介质与炸药以及围岩间实现紧密接触，另一方面，则降低对介质输运设备的要求，减少技术经济成本。本方案中为简化承压爆破现场操作工艺程序，直接利用丰富的矿井水资源作为钻孔内装药周边的传爆介质。

6.2.1.2 钻孔内装药周边水介质压力确定

采用承压水介质作为钻孔内装药周边的传爆介质时，根据前面章节的分析可知，水介质在常压状态条件下的可压缩性相对较小，通过提高水压力来改变水的波阻抗的效果并不显著。但是，为了保证钻孔围岩孔裂隙在炸药爆炸后的产物膨胀阶段能受到较高的水压冲击，充分利用水介质的高效传能作用，实现炸药高爆能作用下的“水楔”增裂效应。在孔内炸药起爆前，应当采取适当提高钻孔内水介质压力(一般选取 0.5～5.0 MPa，岩性越坚硬、致密，承压水介质压力则可以相对减小)的措施，改善矿井煤岩承压爆破效果。一方面通过提高水介质的压力，充分赶出围岩孔裂隙中的空气成分，使得钻孔内水介质与炸药以及围岩壁面间实现更紧密地接触，更好地达到承压介质高效传能效果；另一方面，则由于水介质输运压力一般低于 5.0 MPa，一定程度上降低了对水介质输运设备的要求，相应降低了煤岩承压爆破技术经济成本。结合矿区 8939 工作面爆破工艺巷内的管网输水条件，确定煤岩深孔内的充水承压大小为 2.0 MPa。

6.2.1.3　煤岩钻孔布设及装药量确定

理论分析表明：煤岩钻孔内水介质存在条件下的爆破围岩拉破坏区半径为药孔半径的 10～15 倍，药孔直径为 60 mm 时，装药孔围岩拉破坏半径为0.33～0.49 m；导向孔周边围岩裂隙扩展半径约为空孔半径的 2.5 倍，得到导向孔周边裂隙的扩展长度约为 0.13 m；而承压介质膨胀“楔入”围岩孔裂隙后的裂隙最终扩展长度至少也在 5.0 m 以上。由此，计算得到坚硬顶板内装药孔与导向空间的距离至少应在 5.5 m 左右。实际生产操作中，考虑深孔内充水承压爆破的高能利用率，避免相邻孔间的强动载互扰，特将装药孔间距离增至7.0 m。

根据 8939 工作面顶板赋存特点，为实现坚硬顶板的超前预裂，避免长范围穿煤层打钻施工与装药的困难，特在工作面中部顶煤内的爆破工艺巷中实施顶板打钻布孔工序。布置钻孔长度均为 35 m，仰角分别设置为 9°与 13°，水平转角分别设定为 15°与 20°。为尽可能减少工艺巷全长范围内的打孔装药施工量，很好地实现坚硬煤岩预裂效果，特在装药孔间打设直径为 100 mm 的大孔径导向孔，一方面为相邻钻孔内炸药的爆炸提供自由面，另一方面为相邻爆破孔裂隙的扩展与贯通进行导向。

对于特定岩石条件恰当确定炸药的装药量是爆破设计中重要的一项工作，它直接关系到爆破效果的好坏与爆破成本的高低。鉴于目前工程爆破过程中精确计算炸药装药量的问题至今尚未获得十分完满的解决，因此现场工程实践中，工程技术人员更多在各种经验公式的基础上结合实践经验确定装药量。其中，按体积公式计算装药量是最为常用的一种方法。

砂质岩层炸药单位体积消耗系数：在泥质胶结，中薄层或风化破碎（f=4～6）条件下取为 1.0～1.2；在钙质胶结，中厚层，中细粒结构，裂隙不甚发育（f=7～8）情况下取为 1.3～1.4；在硅质胶结，石英质砂岩，厚层，裂隙不发育，未风化（f=9～14）条件下则取为 1.4～1.7。

考虑到待采煤层 8939 工作面砂岩坚硬顶板条件，取乳化炸药单位体积消耗系数为 1.2。据此得到，工作面坚硬顶板有效破坏范围内的单孔装药量约为106.7 kg。考虑钻孔内水中爆破能量利用率较高，因此需将空孔爆破条件下的孔内装药乘以相应的折减系数后再作为煤岩承压爆破条件下的孔内合理炸药量。按照水泥试块空孔爆破效果与承压爆破情况等效的原则，取钻孔内水中爆破条件下的炸药用量折减系数为 0.3，最终确定工作面坚硬顶板单孔装药量为 32 kg。

6.2.2　煤岩钻孔内充水承压爆破装备及主要工序

6.2.2.1　煤岩钻孔内充水承压爆破装备

为实现煤矿井下坚硬煤岩的良好爆破预裂效果，顶板预裂爆破控制中涉及的主要装备包括：

(1) 钻孔装备：地质钻机、大直径钻杆若干；

(2) 爆炸装置：矿用防水乳胶或 2 号岩石炸药、起爆器、防水袋、安装管；

(3) 注水（浆）装备：可控压力的水压泵、注浆泵；

(4) 封孔用材料及封孔设施：硅酸盐水泥配水玻璃（2∶1）或快速膨胀水泥，早强剂选用 0.03%的三乙醇胺，2%的氯化钙，水灰比为 0.8～1.2；

(5) 管线连接装备：排气铜管 40 m×6（焊接止水阀）、注水铜管 18 m×6（焊接快速接头）、分水阀 1 个（赋有 6 个接头）；

(6) 防爆相机、胶带等。

大同矿区某矿 8939 工作面煤岩钻孔内充水承压爆破装备和管线连接情况，如图 6-4 所示。

(a)　(b)　(c)　(d)

图 6-4　煤岩钻孔内充水承压爆破装备及管线连接

6.2.2.2　煤岩钻孔内充水承压爆破主要工序

(1) 深孔打钻工序

大孔径钻孔的打设装备采用地质钻机，钻机调制角度具有一定限度，因此分别设计在 8939 工作面中部顶煤爆破工艺巷内布置倾斜钻孔；同时，为避免工作面采动及放煤作业对爆破工艺巷的影响，干扰承压爆破工艺实施，特将工艺巷内的钻孔布设于距工作面大于 40 m 处。

根据 8939 工作面步距放顶承压爆破设计，需在待采工作面中间巷施工步距放顶深孔。主要深孔打钻实施工序包括：

① 放顶孔施工钻具为 ZLJ-650 煤矿坑道勘探用钻机，ϕ60 mm 复合片合金钻头，成孔直径为 63 mm。

② 预爆破孔施工钻具为 3 kW 岩石钻，ϕ60 mm 三翼钻头与圈钻头，成孔直径为 63 mm。

③ 定孔时，必须使用罗盘、坡度规与卷尺，以确保施工质量。

④ 放顶孔步距 7 m，布设承压爆破孔 3 组，步距放顶孔距巷道底板 1.4 m 处开口。

⑤ 步距放顶孔施工超前工作面煤壁 60 m，爆破超前工作面煤壁 40 m。

8939 工作面坚硬煤岩钻孔内充水承压爆破控制现场实施平面，如图 6-5 所示。

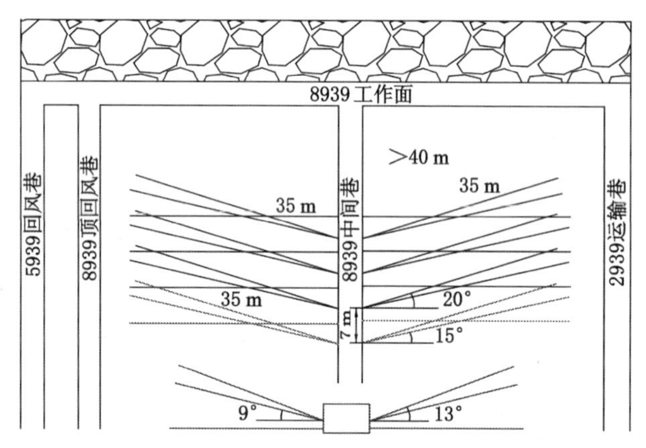

图 6-5　煤岩钻孔内充水承压爆破现场实施平面

(2) 深孔装药-封孔-注水工序

顶板钻孔布置完善后，需对承压爆破钻孔继续实施装药、封孔、承压介质加压以及连线起爆等工序，具体操作步骤为：

① 在工作面深孔放顶时，炸药采用矿用防水乳化炸药，矿用导爆索传爆，瞬发电雷管引爆，起爆器起爆。

② 装药前先用炮棍清理孔内煤岩粉，测定实际孔深，做好记录，确定装药量大小。

③ 对于坚硬厚层顶板的控制，首先应根据顶板自身赋存特点，确定钻孔间的排距，顶板钻孔并列布置，装药孔与导向孔间隔交替装药。

④ 根据炸药与孔内装药周围液体、固体或固液混合传爆介质的相容性，尽量选择不相容的炸药与承压传爆介质，对于相容的炸药应采取塑料包裹或封蜡等密封隔离措施，在钻孔内进行单药包或多药包不耦合装药，药包通过固定装置安置在孔内相应位置，并顺序将炸药引线标记后贴近孔壁引向孔外。

⑤ 采用带有注液管与排液管的专用封孔装置对孔口进行封孔，封孔长度一般为孔深度的 1/3 左右，排液管深入孔底，为防止管路堵塞，排液管末端带有过滤网，而注液管长度要大于注浆封孔长度。孔内装药连线情况，如图 6-6 所示。

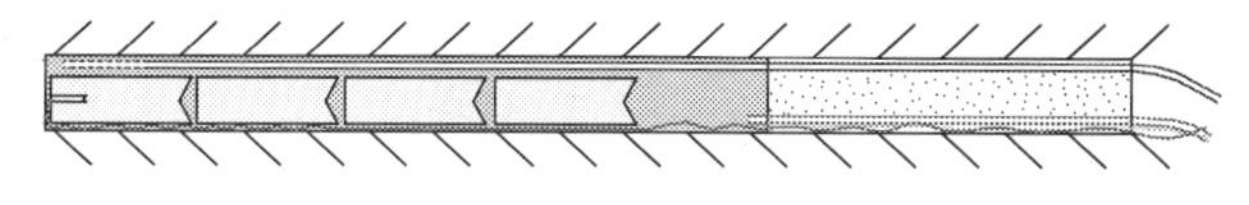

图 6-6　孔内装药连线

⑥ 在装药孔口位置安置爆破防护措施，进行铺网或安置隔爆水袋或两者联合采用，圆形钢丝网或塑料网中部开孔，容许封孔装置注液管与排液管穿过，同时采用六枚固定丝将圆形网环向固定于距离孔口中心 5 m 位置处。

⑦ 最后连接药包引线及传爆介质输运管路，打开注液管阀门，同时微量打开排液管阀门，通过专用输运装置往钻孔内注入传爆介质，充分排出孔内空气介质，为防止孔内承压传爆介质回流，在注液端管路上装设有注液单向阀。爆破孔内注水情况，如图 6-7 所示。

(a)　　　　(b)

图 6-7　孔内注水情况

⑧ 孔内注液过程中，待排液管压力表示数有持续增加趋势时关闭排液管阀门，待孔内传爆介质达到预先设定的压力时，关闭注液管阀门。

⑨ 二次检查孔口封孔情况保证孔内介质不外渗，当孔内传爆介质围压有所降低时，微量打开注液管阀门进行补压。

(3) 深孔承压爆破工序

① 钻孔起爆前，采用巷内静压水管向封孔后的装药钻孔空间持续注水，充满封闭钻孔空间。

② 中间巷内爆破过程中，必须撤出巷内所有人员，起爆必须在中间巷风门

外进行。

③ 爆破超前工作面煤壁水平距离不得小于 40 m,否则工作面必须停产。

④ 同一条巷道内一次只准起爆最多 6 个孔,并在距风门 20 m,选择顶板完整、支护完好的地方设置 4 道防冲击波风障。

8939 工作面坚硬煤岩钻孔内充水承压爆破控制现场管线连接情况,如图 6-8所示。

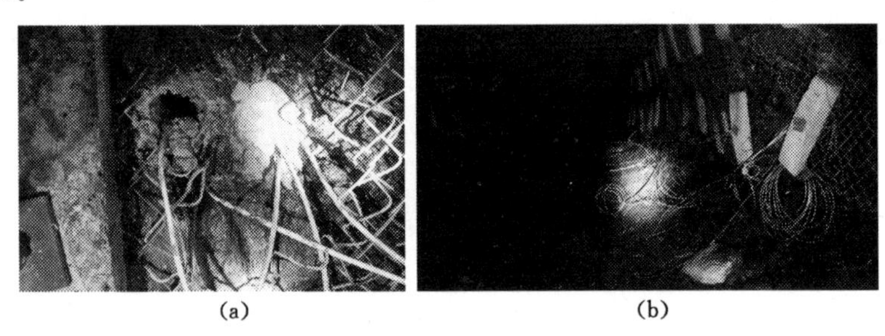

(a) (b)

图 6-8 煤岩钻孔内充水承压爆破控制现场管线连接

6.3 坚硬煤岩钻孔内充水承压爆破效果

6.3.1 钻孔内充水承压爆破围岩裂隙扩展特征

顶板内承压爆破孔起爆后,在孔内炸药高强度爆炸破坏作用下,装药孔封孔段一般处于破裂松散状态。因此,可以通过采取对相邻导向孔进行局部封孔并注入压力水的方法,检测煤岩钻孔承压爆破后的空间裂隙贯穿与顶板预裂效果,如图 6-9 所示。

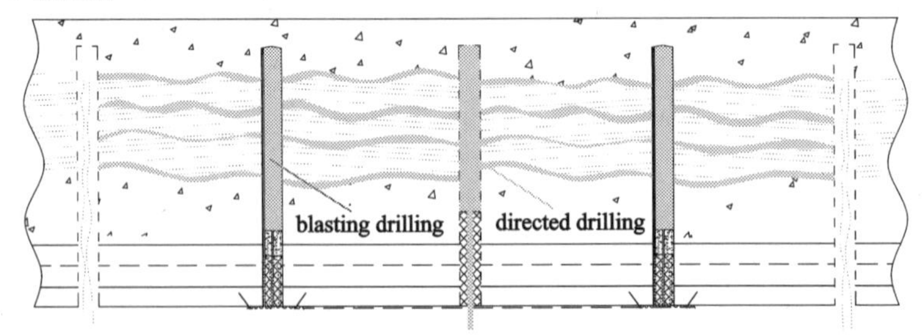

图 6-9 顶板承压爆破效果检验

钻孔内炸药起爆后的煤岩承压爆破顶板预裂效果具体检测步骤为:

(1) 钻孔内炸药起爆后,仔细检查顶板装药孔外部形态,对于未能进行引爆的药孔进行及时处理,对于爆破引起的煤岩超挖或围岩大范围松动现象及时采取相应的加强支护措施，保证围岩钻孔充水承压爆破预裂控制作用后的稳定。

(2) 对顶板承压爆破后的围岩环境进行相关支护后，选择钻孔形态相对完整的导向孔，插入适当长度的注水管并进行局部封孔作业。

(3) 待导向孔内封孔材料凝固并具有一定的承压能力后，再往导向孔内注入适当压力的水介质，同时观测相邻承压爆破孔以及远距离导向孔内的淋水情况。

(4) 当相邻承压爆破孔内淋水量较大情况下，应适当减少孔内装药量或增加孔间距；相反，若导向孔内注水压力处于持续增高状态，而相邻爆破孔内却不见淋水时，则应适当增加孔内装药量或减小相邻钻孔的间距。

现场观测表明，8939 工作面工艺巷内实施煤岩钻孔内充水承压爆破技术措施后，孔内炸药能量利用率较高，煤壁多孔同时起爆导致多孔连片区域实体煤全部抛出。可见，对于工艺巷内既定的钻孔间距还应适当减小爆破孔内的装药量。

6.3.2　工作面支架支护阻力变化特征

通过监测分析 8939 工作面中部 23、36、45 号支架前后柱的压力显现情况，对比分析煤岩钻孔内充水承压爆破技术实施前后工作面来压变化特征。工作面中部 23、36、45 号支架前后柱压力变化，如图 6-10 至图 6-12 所示。

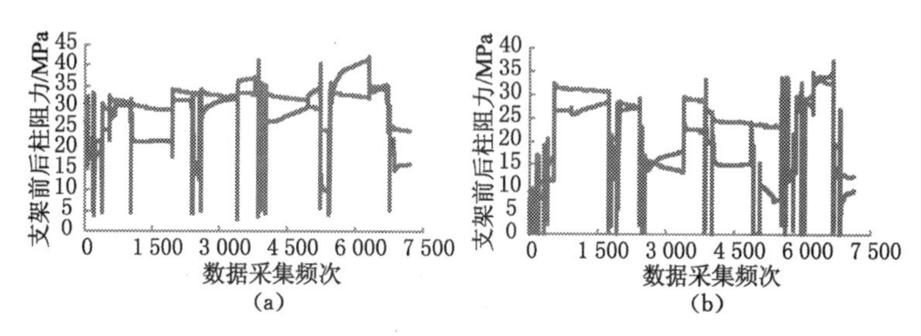

图 6-10　改进型爆破技术实施前后工作面 23 号架阻力变化

(a) 传统爆破；(b) 承压爆破

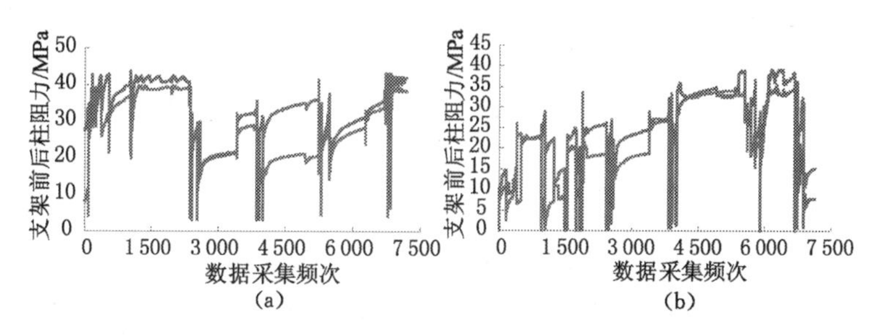

图 6-11　改进型爆破技术实施前后工作面 36 号架阻力变化

(a) 传统爆破；(b) 承压爆破

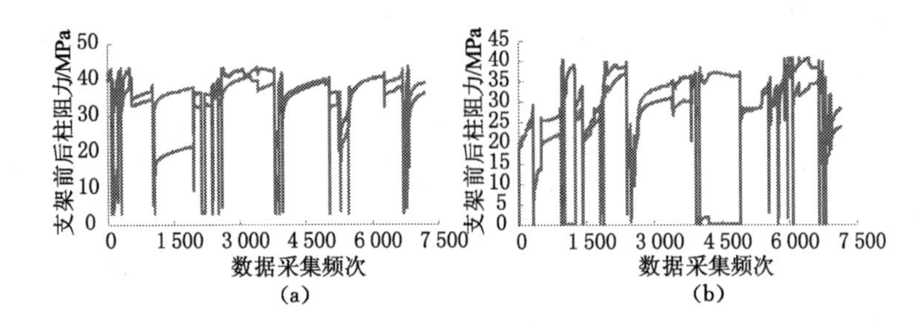

图 6-12 改进型爆破技术实施前后工作面 45 号架阻力变化

(a) 传统爆破；(b) 承压爆破

在工作面坚硬煤岩内采用钻孔内充水承压爆破技术后，工作面顶板来压作用于支架立柱上的强度将减少 1～2 MPa。8939 工作面坚硬煤岩钻孔内充水承压爆破实施段内的支架阻力特征，见表 6-4。

表 6-4　　8939 工作面中部支架阻力特征

	测线	支护阻力/kN		
		平均值	均方差	最大值
末阻力	头部	5 930.7	1 024.4	6 791.5
	中部	7 012.1	1 125.2	7 386.6
	尾部	6 543.3	1 432.5	7 156.7
	平均	6 495.4	1 194.0	7 111.6
时间加权阻力	头部	6 456.3	1 391.4	6 978.3
	中部	6 958.4	1 082.0	7 220.0
	尾部	6 835.1	1 380.4	7 011.0
	平均	6 749.9	1 284.6	7 069.8

由表 6-4 可以看出：

(1) 工作面中部支架末阻力实测均值为 6 495.4 kN，占工作面支架额定工作阻力的 86.6%；来压时的支架工作阻力最大均值为 7 111.6 kN，占额定工作阻力的 94.8%。因此，在工作面生产过程中工作面支架具有足够的安全余量，可保障工作面的安全生产。

(2) 工作面中部支架时间加权阻力均值为 6 749.9 kN，占额定工作阻力的 90.0%，其中最大均值为 7 069.8 kN，占额定工作阻力的 94.3%。从而证明了坚硬煤岩内实施钻孔内充水承压爆破有效降低了工作面矿压显现程度，取得了良好的技术效果。

6.3.3 巷道围岩破坏及顶煤破碎特征

6.3.3.1 巷道围岩破坏特征

鉴于长跨距坚硬顶板的突然垮断会对工作面的正常生产带来较大影响，因此在矿区8939待采工作面综放开采过程中，特在工作面中部顶煤中布置了专门的爆破工艺巷，随着工作面的推进进行循环步距式深孔爆破放顶。煤矿采用的深孔内传统爆破参数，见表6-5。

表6-5 深孔内传统爆破参数

水平转角/(°)	仰角/(°)	垂高/m	孔深/m	封孔长度/m	装药长度/m	装药量/kg
20	13	7.87	35	12	23	46
15	13	7.87	35	12	23	46
15	9	5.48	35	12	23	46

8939工作面工艺巷内煤岩深孔全长装药传统爆破条件下的煤帮破坏，如图6-13所示。

(a)

(b)

图6-13 传统爆破条件下的煤帮破坏程度

可以看出，尽管深孔内全长装药，但煤帮破坏范围相对有限，破断面当量长度仅0.7 m左右，破坏深度约0.3 m，传统爆破煤体表面抛掷漏斗体积较小。

相同布孔方式下的深孔内充水承压爆破技术实践段具体爆破参数，见表6-6。

表6-6 深孔内充水承压爆破参数

水平转角/(°)	仰角/(°)	垂高/m	孔深/m	封孔长度/m	装药长度/m	装药量/kg
20	13	7.87	35	12	16	32
15	13	7.87	35	12	16	32
15	9	5.48	35	12	16	32

由表6-6可知，8939工作面坚硬煤岩内布孔方式相同条件下，煤岩深孔内

充水承压爆破装药仅为传统爆破装药的70%，此时对应装药长度为26 m，封孔长度相同，孔内剩余7 m长度空间由承压水介质充填。

8939工作面工艺巷内煤岩深孔充水承压爆破条件下的煤帮破坏程度，如图6-14所示。

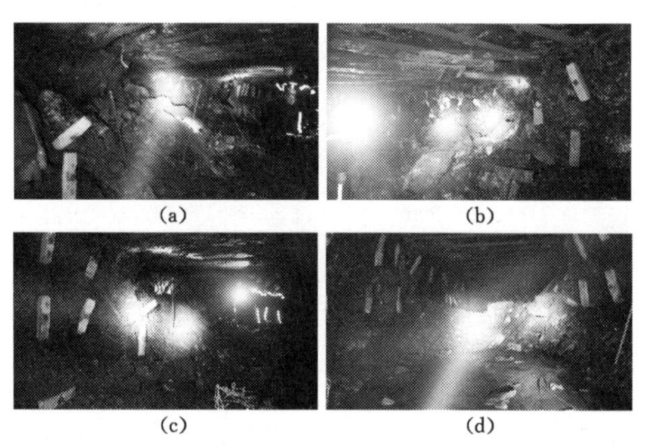

图6-14 钻孔内充水承压爆破条件下的煤帮破坏程度

可以看出，8939工作面工艺巷内煤岩深孔充水承压爆破条件下的炸药能量利用率较高，仅采用传统爆破药量的70%，对煤体表面产生了较为严重的破坏。该爆破条件下煤帮表面破坏长度当量在7.0 m左右，破坏深度约6.5 m，拉拔出煤帮内锚杆7根，煤体表面抛掷漏斗体积较大，抛掷煤体量充斥巷道断面近1/3的面积，充分证明了深孔充水承压爆破的高效性。

6.3.3.2 坚硬顶煤承压爆破破碎特征

厚及特厚煤层放顶煤开采以“以放为主，以采促放”为基本准则，放顶煤开采效果的优劣主要取决于矿山压力及其对顶煤的破坏程度，对于坚硬顶板和顶煤条件下的“两硬”煤层综放开采，煤层硬度较高、结构相对完整，降低了覆岩顶板压力的破煤效应，使得顶煤破碎程度低，块度大，顶煤放落不流畅，易堵塞放煤口，导致厚煤层放煤效果较差，从而造成煤炭资源回收率低，采空区遗煤较多，易引发采空区煤炭自燃等一系列问题，影响煤矿的安全生产。

根据大同矿区8939工作面厚煤层综放开采条件，采取的坚硬顶煤钻孔内充水承压爆破措施很好地改善了坚硬顶煤的冒放特性以及工作面采场的矿压显现特征，具体表现在：

(1) 坚硬顶煤的爆破预裂，提高了顶煤破碎程度，减小了顶煤爆破块度，爆破后顶煤最大块度平均尺寸0.1～0.3 m，提高了顶煤放落流畅度，有利于顶煤的高效回收。

(2) 相对于煤岩孔内的普通装药结构,围岩孔内充水承压爆破借助于孔内承压水介质的高效传载机制,使得孔内炸药爆破高能效更加均匀地作用于钻孔围岩,致使孔壁围岩爆破破碎程度较为均匀,爆破致裂范围显著增大。

(3) 坚硬煤层硬度大,结构完整,作为上覆岩层的主要承载结构,具有优良的传载特性。采用顶煤预裂爆破措施,改变顶煤结构完整程度,弱化顶煤强度,对于覆岩顶板垮断的能量释放起到良好的稀释作用,改善工作面采场矿压显现。

6.4 小　结

在总结分析大同矿区 8105 已采面采场矿压显现特征的基础上,结合矿区 8939 待采面煤岩赋存条件,提出并实施了坚硬煤岩钻孔内充水承压爆破技术,明显改善了 8939 工作面采场来压环境及顶煤放落效果,取得较好技术经济效益。研究得到以下具体结论:

(1) 大同矿区某矿 8105 已采面采场矿压显现频繁,来压强度高,巷道影响范围应力集中区域广,长度达 40 m 左右,最大应力集中系数达到 2.8,巷道来压期间,强矿压显现明显,并伴有一定的冲击特性,巷道围岩变形严重,两帮内挤量可达 1.0 m 左右,顶板下沉与底鼓量最大达到 0.8 m。

(2) 结合矿区 8939 待采面类似煤岩赋存条件,在待采面工艺巷内实施了煤岩钻孔内充水承压爆破技术,钻孔沿工艺巷走向间距 7.0 m,钻孔长度均为 35 m,水平转角分别为 15°与 20°,仰角分别设定为 9°与 13°,装药孔直径为 60 mm,导向孔直径为 100 mm,单孔装药量均为 32 kg,钻孔内充水承压大小为 2.0 MPa。取得了良好的坚硬顶板预裂卸压和顶煤放落效果,工作面支架阻力明显降低,顶煤破碎块度尺寸减小,顶煤放落流畅度显著提高。

参考文献

[1] 杨军,陈鹏万,胡刚.现代爆破技术[M].北京:北京理工大学出版社,2005.

[2] 杨敬轩.安全高效能坚硬煤岩承压式爆破控制机理及试验分析[D].徐州:中国矿业大学,2015.

[3] 高建华,陆林,何洋扬.浅水中爆炸及其破坏效应[M].北京:国防工业出版社,2010.

[4] 刘永胜,傅洪贤,王梦恕,等.水耦合定向断裂装药结构试验及机理分析[J].北京交通大学学报,2009,33(1):109-112.

[5] 王晓雷.水中爆破装药参数理论分析及实验研究[D].唐山:河北理工学院,2003.

[6] 戴俊.岩石动力学特性与爆破理论[M].北京:冶金工业出版社,2013.

[7] 杨仁树,丁晨曦,王艳兵,等.爆炸应力波与爆生气体对被爆介质作用效应研究[J].岩石力学与工程学报,2016,35(增2):3501-3506.

[8] Donze F V, Bouchez J, Magnier S A. Molding fractures in rock blasting [J]. Int. J. Rock Mech. Min. Sci., 1997, 34(8): 1153-1163.

[9] Field J E, Pedersen A L. The importance of the reflected stress wave in rock blasting[J]. Int. J. Rock Mech. Min. Sci., 1971, 8(3): 213-220.

[10] Kutter H K, Fairhurst C. On the fracture process in blasting[J]. Int. J. Rock Mech. Min. Sci., 1971, 8(3): 181-202.

[11] 袁璞,马芹永.干湿循环条件下煤矿砂岩分离式霍普金森压杆试验研究[J].岩土力学,2013,34(9):2557-2562.

[12] 王斌,李夕兵.单轴荷载作用下饱水岩石静态和动态抗压强度的细观力学分析[J].爆炸与冲击,2012,32(4):423-431.

[13] 王斌,李夕兵,尹土兵,等.饱水砂岩动态强度的SHPB试验研究[J].岩石力学与工程学报,2010,29(5):1003-1009.

[14] 赵文豪.水介质耦合装药爆破增透试验研究[D].淮南:安徽理工大学,2016.

[15] 龙维祺.特种爆破技术[M].北京:冶金工业出版社,1993.

[16] 陈士海，林从谋．水压爆破岩石的破坏特征[J]．煤炭学报，1996，21(1)：24-29．
[17] 郗庆桃．水压爆破及水压定向爆破[J]．爆破，1990(2)：38-42．
[18] 黄年辉．水压爆破试验效果[J]．探矿工程，1989(6)：56-58．
[19] 陈超．含水炮孔边坡预裂爆破应用研究[D]．河北：河北理工学院，2001．
[20] 张明旭，尚辉，甘德清．露天边坡含水炮孔预裂爆破试验研究[J]．有色矿山，2002(3)：8-10．
[21] 朱礼臣，孙咏．深孔水介质耦合装药爆破开挖沟槽[J]．工程爆破，2000，6(2)：67-69．
[22] 吴文根，李金详．水介质控制爆破在巷道掘进中的试验应用[J]．有色金属，2003(5)：20-21．
[23] 杨光煦．水下工程爆破[M]．北京：海洋出版社，1992．
[24] 周培根．水介质耦合爆破的机理及预裂爆破参数的设计[J]．长沙：中南工业大学，1989．
[25] 明锋，祝文化，李东庆．水耦合装药爆破在隧道掘进中的应用[J]．地下空间与工程学报，2012，8(5)：1008-1013．
[26] 陈静曦．应力波对岩石断裂的相关因素分析[J]．岩石力学与工程学报，1997，16(2)：148-154．
[27] 陈士海．深孔水压爆破装药结构与应用研究[J]．煤炭学报，2000，25(增)：112-116．
[28] 冉恒谦，陈庆寿，李功伯，等．爆炸动水压力破岩系统的研究[J]．探矿工程，2001(增)：258-260．
[29] 武海军，杨军，黄风雷，等．不同耦合装药下岩石的应力波传播特性[J]．矿业研究与开发，2002，22(1)：44-46．
[30] 宗琦，罗强．炮孔水耦合装药爆破应力分布特性试验研究[J]．实验力学，2006，21(3)：393-398．
[31] 何广沂，徐凤奎，荆山，等．节能环保工程爆破[M]．北京：中国铁道出版社，2007．
[32] 王作强，陈玉凯．水耦合装药对露天深孔爆破效果影响的探讨[J]．轻金属，2007(9)：6-8．
[33] 宗琦，孟德君．炮孔不同装药结构对爆破能量影响的理论探讨[J]．岩石力学与工程学报，2003，22(4)：641-645．
[34] 宗琦，李永池，徐颖．炮孔水耦合装药爆破孔壁冲击压力研究[J]．水动力学研究与进展，2004，19(5)：610-615．

[35] 罗云滚,罗强,宗琦.炮孔水耦合装药爆破破岩机理研究[J].安徽理工大学学报,2004,24(增):60-63.
[36] 颜事龙,徐颖.水耦合装药爆破破岩机理的数值模拟研究[J].地下空间与工程学报,2005,1(6):921-924.
[37] 尹根成,张英华.水压爆破造缝提高煤层瓦斯抽放率技术[J].煤炭工程,2006(12):73-74.
[38] 王伟,李小春,石露,等.深层岩体松动爆破中不耦合装药效应的探讨[J].岩土力学,2008,29(10):2837-2842.
[39] 周超,李飞,刘非非,等.水压爆破防突机理分析及工程应用[J].煤矿安全,2011,42(11):8-11.
[40] 赵华兵,龙源,胡新印,等.水耦合装药爆破荷载与岩石介质相互作用研究[J].西部探矿工程,2012(3):16-20.
[41] 李夕兵,古德生.岩石冲击力学[M].长沙:中国工业大学出版社,1994.
[42] Kumar A. The effect of stress rate and temperature on the strength of basalt and granite[J]. Geophysics,1968,33(3): 501-510.
[43] Hakalerto W A. Brittle fracture of rock under impulse loads[J]. Int. J. Frac. Mech. ,1970,6(3):249-256.
[44] Kumano A, Goldsmith W. An analytical and experimental investigation of the effect of impact on coarse granular rocks[J]. Rock Mech. ,1982(15): 67-97.
[45] Mohanty B. Strength of rock under high strain rate loading conditions applicable to blasting[C]. Proceeding of 2th Int. Symp. On Rock Frag. Blasting,1988:72-78.
[46] 吕晓聪,许金余,葛洪海,等.围压对砂岩动态冲击力学性能的影响[J].岩石力学与工程学报,2010,29(1):193-201.
[47] 王礼立.应力波基础[M].北京:国防工业出版社,2005.
[48] 王明洋,钱七虎.爆炸应力波通过节理裂隙带的衰减规律[J].岩土工程学报,1995,17(2):42-46.
[49] Chen W,Ravichandran G. Failure mode transition ceramics under dynamic multiaxial compression[J]. Int. J. of Fracture, 2000(101):141-159.
[50] 蔡美峰,何满潮,刘东燕.岩石力学与工程[M].北京:科学出版社,2002.
[51] Zhou Yonghong. Crack pattern evolution and a fractal damage constitutive model for rock[J]. Int. J. Rock Mech. Min. Sci. , 1998, 35(3): 349-366.
[52] 周培基,A K 霍普肯斯.材料对强冲击载荷的动态响应[M].张宝平,赵衡

阳,李永池,译.北京:科学出版社,1986.

[53] 单仁亮.岩石冲击破坏力学模型及其随机性研究[D].北京:中国矿业大学北京研究生部,1997.

[54] 王占江.蓝田花岗岩冲击压缩特性的实验研究[J].岩石力学与工程学报,2003,22(5):797-802.

[55] 陆遐龄,梁向前,胡光川,等.水中爆炸的理论研究与实践[J].爆破,2006,23(2):9-13.

[56] 姚熊亮,王玉红,史冬岩,等.圆筒结构水下爆炸数值实验研究[J].哈尔滨工程大学学报,2002,23(1):5-8.

[57] 顾文彬,叶顺双,刘文华,等.界面对浅层水中爆炸冲击波波峰值压力影响的研究[J].解放军理工大学学报,2001,2(5):61-63.

[58] 柴修伟.水下炮孔爆破水中冲击波传播特性[D].武汉:武汉理工大学,2009.

[59] 孙远征,龙源,邵鲁中,等.水下钻孔爆破水中冲击波试验研究[J].工程爆破,2007,9(1):15-19.

[60] 陶明.水下钻孔爆破水击波衰减规律的研究[D].武汉:武汉理工大学,2009.

[61] 刘志.水下爆炸冲击波的传播特性试验研究[D].成都:西南交通大学,2010.

[62] 李夕兵.凿岩爆破工程[M].长沙:中南大学出版社,2011.

[63] Li X B, Lok T S, Zhou J, et al. Oscillation elimination in the hopkinson bar apparatus and resultant complete dynamic stress-strain curves for rocks [J]. Int. J. of Rock Mech. & Min. Sci., 2000(37): 1055-1060.

[64] Z X Zhang, S Q Kou, L G Jiang, et al. Effects of loading rate on rock fracture: fracture characteristics and energy partitioning[J]. Int. J. of Rock Mech. & Min. Sci., 2000(37):745-762.

[65] 张守中.爆炸与冲击动力学[M].北京:国防工业出版社,1992.

[66] 孙新利,蔡星会,姬国勋,等.内爆冲击动力学[M].西安:西北工业大学出版社,2011.

[67] 布列霍夫斯基.分层介质中的波[M].第二版.杨训仁,译.北京:科学出版社,1985.

[68] 宁建国,王成,马天宝.爆炸与冲击动力学[M].北京:国防工业出版社,2010.

[69] 张志呈.定向卸压隔振爆破[M].重庆:重庆出版集团重庆出版社,2013.

[70] 张奇.岩石爆破的粉碎区及空腔膨胀[J].爆炸与冲击,1990,10(1):68-75.
[71] 戴俊.柱状装药爆破的岩石压碎圈与裂隙圈计算[J].辽宁工程技术大学学报(自然科学版),2001,20(2):144-147.
[72] 宗琦.岩石内爆炸应力波破裂区半径的计算[J].爆破,1993:15-17.
[73] 杨善元.岩石爆破动力学基础[M].北京:煤炭工业出版社,1993.
[74] Loeber J F, Sih G C. Diffraction of anti-plane shear waves by a finite crack[J]. J. Acoustical Society of America, 1968(44): 711-721.
[75] Sih G C, Loeber J F. Wave propagation in an elastic solid with a line of discontinuity or finite crack[J]. Quarterly of Appl. Math, 1969(27): 711-721.
[76] 王铎.断裂力学[M].哈尔滨:哈尔滨工业大学出版社,1987.
[77] 张行.断裂与损伤力学[M].北京:北京航空航天大学出版社,2009.
[78] 程靳,赵树山.断裂力学[M].北京:科学出版社,2006.
[79] 范天佑.断裂动力学原理与应用[M].北京:北京理工大学出版社,2006.
[80] Zhang Z X. An empirical relation between mode Ⅰ fracture toughness and the tensile strength of rock[J]. International Journal of Rock Mechanics & Mining Sciences, 2002(3): 401-406.
[81] 戴俊.光爆孔间隔分段起爆方法的探讨[J].阜新矿业学院学报(自然科学版),1996,15(4):429-433.
[82] 徐芝纶.弹性力学[M].北京:高等教育出版社,1990.
[83] 沈明荣,陈建峰.岩体力学[M].上海:同济大学出版社,2006.
[84] 杨仁树,宋俊生,杨永琦.切槽孔爆破机理模型试验研究[J].煤炭学报,1995,20(2):197-199.
[85] 杨永琦,戴俊,张奇.切缝药包岩石定向断裂爆破的参数设计[C].第七届工程爆破会议论文集,2001.
[86] 戴俊,王代华,熊光红,等.切缝药包定向断裂爆破切缝管切缝宽度的确定[J].有色金属,2004,56(4):110-113.
[87] 宗琦.岩石炮孔预切槽爆破断裂成缝机理研究[J].岩土工程学报,1998,20(1):30-33.
[88] 中国科学院.正交试验法[M].北京:人民教育出版社,1975.
[89] 正交试验法编写组.正交试验法[M].北京:国防工业出版社,1976.
[90] 谈庆明.量纲分析[M].合肥:中国科学技术大学出版社,2007.
[91] 黄正平.爆炸与冲击电测技术[M].北京:国防工业出版社,2006.
[92] 张立.爆破器材性能与爆炸效应测试[M].合肥:中国科学技术大学出版

社,2006.

[93] 张志呈.定向断裂控制爆破[M].重庆:重庆大学出版社,2000.

[94] 于慕松,杨永琦,杨仁树,等.炮孔定向断裂爆破作用[J].爆炸与冲击,1997,17(2):159-165.

[95] 朱瑞赓,李新平,陆文兴.控制爆破的断裂控制与参数确定[J].爆炸与冲击,1994,14(4):314 -317.

[96] 单仁亮,高龙江,高文蛟,等.大雁矿区软岩巷道定向断裂爆破技术试验研究[M].北京:煤炭工业出版社,1999:243-249.

[97] 王树仁,魏有志.岩石爆破中断裂控制的研究[J].中国矿业大学学报,1985(3):113-120.

[98] 肖正学,张志成,李瑞明.初始应力场对爆破效果的影响[J].煤炭学报,1996,21(5):497-501.

[99] Yang R, Bawden W F, Katsabanis P D. A New Constitutive Model For Blast[J]. Int. J. Rock Mech. Min. Sci. & Geoteth. Abstr. , 1996, 33(3): 245-254.

[100] 谢源.高应力条件下岩石爆破裂纹扩展规律的模拟研究[J].湖南有色金属,2002,18(8):1-3.

[101] 于斌.大同矿区特厚煤层综放开采强矿压显现机理及顶板控制研究[D].徐州:中国矿业大学,2014.

[102] J X Yang, C Y Liu, B Yu, et al. Mechanism of intense strata behaviors at working face influenced by gob pillars of overlying coal seam[J]. Disaster Advances, 2014,7(4): 27-35.

[103] 于斌,刘长友,杨敬轩,等.坚硬厚层顶板的破断失稳及其控制研究[J].中国矿业大学学报,2013,42(3):342-348.

[104] J X Yang, C Y Liu, B Yu, et al. The effect of a multi-gob pier-type roof structure on coal pillar load-bearing capacity and stress distribution[J]. Bull Eng. Geol. Environ, 2015, 74(4): 1267-1273.

[105] 杨敬轩,刘长友,于斌,等.坚硬顶板群下工作面强矿压显现机理与支护强度确定[J].北京科技大学学报,2014,36(5):576-583.

[106] J X Yang, C Y Liu, B Yu, et al. Calculation and analysis of stress in strata under gob pillars[J]. Journal of Central South University of Technology, 2015, 22(3): 1026-1036.

[107] 杨敬轩,刘长友,黄炳香,等.近距离煤层联合开采条件下工作面合理错距确定[J].采矿与安全工程学报,2012,29(1):101-105.

[108] 杨敬轩,鲁岩,刘长友,等.坚硬厚层顶板条件下岩层破断及工作面矿压显现特征分析[J].采矿与安全工程学报,2013,30(2):211-217.

[109] 于斌,刘长友,杨敬轩,等.大同矿区双系煤层开采煤柱影响下的强矿压显现机理[J].煤炭学报,2014,39(1):40-46.

[110] J X Yang, C Y Liu, B Yu, et al. Roof structure of close distance coal strata in multi-gob condition and its effects[J]. Acta. Geodynamica et Geomaterialia, 2014,11(4): 351-359.

[111] 杨敬轩,刘长友,杨宇,等.层间应力影响下近距离煤层工作面合理错距留设问题研究[J].岩石力学与工程学报,2012,31(1):2965-2972.

[112] 杨敬轩,刘长友,杨宇,等.浅埋近距离煤层房柱采空区下顶板承载及房柱尺寸[J].中国矿业大学学报,2013,42(2):161-168.

[113] 刘长友,杨敬轩,于斌,等.多采空区下坚硬厚层破断顶板群结构的失稳规律[J].煤炭学报,2014,39(3):395-403.

[114] J X Yang, C Y Liu, B Yu, et al. Mechanism of complex mine pressure manifestation on coal mining work faces and analysis on the instability condition of roof blocks[J]. Acta. Geodynamica et Geomaterialia, 2015, 12(1):1-8.

[115] 杨敬轩,刘长友,于斌,等.工作面端头三角区临空巷道强矿压显现与应力转移分析[J].采矿与安全工程学报,2016,33(1):88-95.

[116] 于斌,刘长友,刘锦荣.大同矿区特厚煤层综放回采巷道强矿压显现机制及控制技术[J].岩石力学与工程学报,2014,33(9):1863-1871.

[117] 杨敬轩,刘长友,于斌,等.坚硬厚层顶板群结构破断的采场冲击效应[J].中国矿业大学学报,2014,43(1):8-15.

[118] 谢广祥,杨科,刘全明.综放面倾向煤柱支承压力分布规律研究[J].岩石力学与工程学报,2006,25(3):545-549.

[119] 康红普,林健,张晓,等.潞安矿区井下地应力测量及分布规律研究[J].岩土力学,2010,31(3):827-831.